“蓝桥杯”真题分类解析

（C/C++版 · 软件类）

丁向民◎编著

清華大学出版社
北 京

内 容 简 介

本书根据“蓝桥杯”软件类竞赛题型，综合了最近5年的“蓝桥杯”软件类竞赛省赛真题编写而成。本书首先对历年试题进行分类梳理，让考生清楚历年竞赛的重难点，其次对每道题目进行分析，让考生了解解题思路和过程，最后给出参考程序，让学生能够对比应用。

本书共8章，分别对应竞赛的8类核心算法：基本算法、模拟法、枚举法、递推与递归、贪心法、搜索法、动态规划和其他算法。针对每章知识，首先介绍本章的一些核心算法，让考生有大体把握，然后对历年真题进行详细分析，最后提供有针对性的练习供考生复习巩固。本书通过知识、分析、练习等多种形式让考生快速掌握“蓝桥杯”软件类竞赛的知识内容，帮助考生获得更好的成绩。

本书主要供广大考生作为“蓝桥杯”软件类竞赛备赛之用，也可作为各类算法竞赛的辅导书。

图书在版编目(CIP)数据

“蓝桥杯”真题分类解析：C/C++版：软件类/丁向民编著. —北京：清华大学出版社，2021.12
(2023.12重印)
ISBN 978-7-302-59498-7

Ⅰ. ①蓝…　Ⅱ. ①丁…　Ⅲ. ①软件开发－高等学校－题解 ②微型计算机－高等学校－题解
Ⅳ. ①TP311.52-44 ②TP36-44

中国版本图书馆CIP数据核字(2021)第232237号

责任编辑：郭　赛
封面设计：杨玉兰
责任校对：胡伟民
责任印制：曹婉颖

出版发行：清华大学出版社
网　　址：https://www.tup.com.cn，https://www.wqxuetang.com
地　　址：北京清华大学学研大厦A座　　**邮　　编**：100084
社 总 机：010-83470000　　**邮　　购**：010-62786544
投稿与读者服务：010-62776969，c-service@tup.tsinghua.edu.cn
质量反馈：010-62772015，zhiliang@tup.tsinghua.edu.cn
课件下载：https://www.tup.com.cn，010-83470236
印 装 者：三河市铭诚印务有限公司
经　　销：全国新华书店
开　　本：203mm×260mm　　**印　　张**：12　　**字　　数**：300千字
版　　次：2021年12月第1版　　**印　　次**：2023年12月第5次印刷
定　　价：58.00元

产品编号：094246-01

前 言

随着国家对高校教育改革的深入,“以赛促学”这种教学方式越来越凸显出优势。不少学生都希望通过参加竞赛这条道路提升自己的竞争力。在软件和信息技术专业领域,面向大学生的竞赛也很多,如国际大学生程序设计竞赛、中国大学生计算机设计大赛、中国大学生服务外包创新创业大赛等。这些竞赛旨在从多个层次提升学生的计算机能力和水平,但它们对于一般本科院校来说,也有不足之处,例如国际大学生程序设计竞赛由于要求较高,一般本科院校的学生很难参与其中;中国大学生计算机设计大赛以作品设计为主,对于现场的计算机编程能力没有要求。在这种情况下,“蓝桥杯”全国软件和信息技术专业人才大赛就是一个很好的补充。

“蓝桥杯”全国软件和信息技术专业人才大赛是由工业和信息化部人才交流中心主办的全国性 IT 学科赛事。截至 2021 年,全国共有北京大学、清华大学、上海交通大学等 1200 余所高校参赛,累计参赛人数超过 50 万。2020 年,“蓝桥杯”被列入中国高等教育学会发布的“全国普通高校学科竞赛排行榜”,是高校教育教学改革和创新人才培养的重要竞赛项目。

“蓝桥杯”软件类比赛以个人赛为主,包括 C/C++ 、Python 和 Java 三类语言,竞赛分为研究生组、大学 A 组、大学 B 组和大学 C 组。研究生只能报名研究生组,重点本科院校(985、211)本科生只能报名大学 A 组及以上组别,其他本科院校本科生可报名大学 B 组及以上组别,其他高职高专院校可自行选择报名任意组别。本书主要针对大学 B 组竞赛试题进行编写,参考程序以 C/C++ 程序语言编写。其他语言和组别的考生可以参考本书解题思路和解题方法。

“蓝桥杯”分为校赛、省赛和国赛三个阶段,其中省赛是呈上启下的关键比赛,本书以“蓝桥杯”软件类 2017—2021 年共 5 年的省赛真题作为基础,通过分类、分析和总结编写而成。本书既有算法知识点的介绍,又有算法案例的分析,还有具体程序的参考,让考生能够掌握思路,学会编程;同时本书也给出了练习题,让考生能巩固而知新。

“蓝桥杯”软件类省赛的考试时间为 4 小时,共 10 道题目,从简单到复杂,考生需要掌握各类算法,包括枚举、模拟、递归和递推、搜索、贪心、动态规划等。由于算法内容涉及较多,本书也只能抛砖引玉,引导学生备赛"蓝桥杯"。

要想把程序设计学好，这需要长期的努力，我希望同学们能够从基础开始，不断总结自己的学习心得，只要持之以恒，肯定能够获得丰硕的成果。本书希望能够引导大家进入程序设计的大门，为自己的未来编写出美好的代码。

同时，本书提供历年真题视频讲解及全部习题答案，读者可以通过扫描下方二维码免费获取。另外，本书也提供了交流群，欢迎各位读者留言，共同交流算法思想。

视频、答案、交流

本书的撰写主要由丁向民负责统稿，多名老师和同学参与了题目的解答和校正，主要包括尤文、朱峰、王成成、陈相斌、丁昱岑、李兆亮、耿涛、耿志舟、李文强、郭楠、王倩倩等，在此对大家表示感谢。本书在撰写的过程中引用了一些文献和网络上的解题思路，在此向作者们一并表示感谢。

由于时间仓促，本书难免有错误和不足之处，请广大读者批评指正。

盐城师范学院

丁向民

2021年8月

目 录

第1章 “蓝桥杯”基础知识

1.1 “蓝桥杯”基础简介

“蓝桥杯”比赛的前几题往往会考查学生的基础知识，基础知识包含的内容有很多，下面选择几个重要知识点进行介绍。

1. 计算机中数据的表示

计算机中的数据分为数值型数据和非数值型数据。

计算机中的数字、字母、符号等信息都必须转换成二进制数据保存在计算机中，这样才能被计算机识别。能够进行算术运算并得到明确数值概念的信息称为计算机数值型数据，其余如字符、文字、图像、声音等均为非数值型数据。

(1) 数值型数据的表示

计算机中常用的进制有十进制、八进制、十六进制和二进制。

十进制以数字1～9开头，八进制以数字0开头，十六进制以0x(或0X)开头，二进制不能在C语言中直接书写，部分编译器支持以0b或0B开头的二进制数据表示。例如：

```
int a=12,b=012,c=0x12;
printf("%d %d %d",a,b,c);
```

输出结果：12 10 18

上述输出结果为十进制输出，要想数据以八进制或者十六进制的形式输出，则需要改变输出控制符，如：

```
printf("%d %o %x",a,b,c);
```

输出结果：12 12 12

那么如何表示二进制数据呢？常用的方法是采用字符数组的方式，下面的例子实现了将一个十进制数转换成二进制数并存储在字符数组中。

```
while(num>0)                          //辗转取余
{
    arr[n++]=num % 2+'0';
    num/=2;
}
```

(2) 非数值型数据

非数值型数据也是以二进制数据形式保存在计算机中的。最简单的就是字符数据，其采用的编码是ASCII码。ASCII码也是以整数形式存储在计算机中的，这个整数为编码，常用的编码和字符如表1-1所示。

表 1-1 常用的编码和字符

编码	字　符	备　注
0	NUL (NULL)	多用于字符串结束标志
13	CR	Enter 键
48	0	字符 1～9 的编码依次是 49～57
65	A	大写字母 B～Z 的编码依次是 66～90
97	a	小写字母 b～z 的编码依次是 98～122

将一段字符转换成整数并存放到一个变量中,常用的方法是:

```
int chnum(char str[])
{
    int i,n,num=0;
    for(i=0;str[i]!='\0';i++)
        if(str[i]>='0'&&str[i]<='9')
            num=num*10+str[i]-'0';
    return num;
}
```

另外,汉字的表示采用国家标准的汉字字符集 GB 2312—1980 对收录字符进行分区管理:字库分成 94 个区,每个区有 94 个汉字(按位编排),每个汉字在字库中有确定的区和位编号,即由两个字节表示的区位码,区位码的第一个字节表示区号,第二个字节表示位号,由区位码即可获取汉字在字库中的地址。GB 2312 的内码范围为 A1A1～FEFE,其中,汉字的编码范围是 B0A1～F7FE,第一个字节 0xB0～0xF7 对应区号 16～87;第二个字节 0xA1～0xFE 对应位号 01～94。例如:"啊"是 GB 2312 中的第一个汉字,区位码是 1601。下面的代码实现了汉字十六进制和十进制区位码的计算。

```
char a[5];
strcpy(a,"啊");
printf("%X%X\n",(unsigned char)a[0],(unsigned char)a[1]);
int b=(unsigned char)a[0]*256+(unsigned char)a[1];
printf("%d",b);
```

输出结果:B0A1
45217

每个汉字在字库中均以点阵字模的形式存储,一般为 16×16 点阵形式。每个点用一个二进制位表示,存储"1"的点可以在屏幕上显示一个亮点,存储"0"的点则不显示亮点,汉字的 16×16 点阵信息在显示器上显示,即可出现对应的汉字。

2. 进制转换

不同进制之间的转换方式有很多,基本上分为三类:十进制转其他进制,其他进制转十进制,其他进制之间的相互转换。这里以十进制转其他进制为例介绍进制转换的思想。

十进制整数转换为其他进制(以二进制为例,其他进制都类似)采用的方法是"除 2 取余逆排序”法。具体做法是：用 2 除以十进制整数，即可得到一个商和余数；再用 2 除以商，又会得到一个商和余数，如此进行，直到商为 0，然后把所有余数按逆序排列，即把先得到的余数作为二进制数的低位有效位，后得到的余数作为二进制数的高位有效位，依次排列起来。这就是“除 2 取余逆排序”法。

十进制转换成其他进制的方法也是类似的，可以称为“除 n 取余，逆排序”法，十进制转换成 n 进制的案例程序具体如下。

```
char Hex[16]={'0','1','2',…,'A','B','C','D','E','F'};
scanf("%d",&num);                          //十进制数
scanf("%d",&jz);                           //要转换的进制
do
{
    result[i++]=num%jz;
    num=num/jz;
}while(num!=0);
for(i--;i>=0;i--)                          //输出结果
    printf("%c",Hex[result[i]]);
```

3. 闰年计算

地球绕太阳运行的周期为 365 天 5 小时 48 分 46 秒(约合 365.24219 天)，即一个回归年(tropical year)。公历的平年只有 365 天，比回归年约短 0.2422 天，每四年累积约一天，把这一天加于 2 月末(即 2 月 29 日)，使当年的时间长度变为 366 天(1～12 月分别为 31 天、29 天、31 天、30 天、31 天、30 天、31 天、31 天、30 天、31 天、30 天、31 天)，这一年就是闰年。按照每四年一个闰年计算，平均每年就要多出 0.0078 天，经过 400 年就会多出约 3 天，因此每 400 年就要减少 3 个闰年。闰年的计算归结起来就是：四年一闰；百年不闰，四百年再闰。

利用逻辑表达式表示为

```
year%4==0 && year%100!=0 || year%400==0
```

而对于每月天数的表示，由于没有规律性，因此常用数组表示。例如：

```
int days[13]={0,31,28,31,30,31,30,31,31,30,31,30,31};
```

4. 文件操作

在程序中经常会遇到需要读取的数据量比较大的情况，如果用键盘输入，则输入时间较长，这时就需要用到文件操作了。

常用的文件操作分成以下四步：打开文件；判断文件是否打开成功；读取(写入)文件；关闭文件。例如：

```
FILE * fp;
fp=fopen("D:\\test.txt","r");
if(fp==NULL)
{
    printf("fail to open!\n");
```

```
        return 0;
    }
    while(!feof(fp))
        ch[i++]=fgetc(fp);
    fclose(fp);
```

由于在竞赛中往往只需要从文件中读入程序数据即可,因此为了简化读入过程,读取文件数据最常用的方法就是文件重定向技术。常用的方式是使用 freopen()函数,其声明为

```
FILE * freopen(const char * filename,const char * mode,FILE * stream);
```

文件重定向技术的使用方法如下。

```
//将输入重定向到文件
//后面的输入语句为直接到文件中读取数据
freopen("input.txt","r",stdin);
//将输出重定向到文件
//后面的输出语句为直接将数据输出到文件中
freopen("output.txt","w",stdout);
//从文件中读取数据并存入变量
int a,b;
scanf("%d %d",&a,&b);
printf("%d\n",a+b);
//关闭文件
fclose(stdin);
fclose(stdout);
```

1.2 购物单(2017 年试题 A)

【题目描述】

小明刚刚找到工作,老板为人很好,只是老板夫人很爱购物。老板忙的时候,老板夫人经常让小明帮她到商场代为购物。小明很厌烦,但又不好推辞。

这不,XX 大促销又来了!老板夫人开出了长长的购物单,上面都是有打折优惠的商品。

小明也有个怪癖:不到万不得已,他从不刷卡,直接现金搞定。

现在小明很心烦,请你帮他计算一下,他需要从取款机上取多少现金才能搞定这次购物。

取款机只提供 100 元面额的纸币。小明想尽可能少地取现金,够用就行了。

你的任务是计算出小明最少需要取多少现金。

以下是让人头疼的购物单,为了保护隐私,商品名称被隐藏了。

```
--------------------
180.90      88 折
10.25       65 折
```

56.14 9 折
104.65 9 折
100.30 88 折
297.15 半价
26.75 65 折
130.62 半价
240.28 58 折
270.62 8 折
115.87 88 折
247.34 95 折
73.21 9 折
101.00 半价
79.54 半价
278.44 7 折
199.26 半价
12.97 9 折
166.30 78 折
125.50 58 折
84.98 9 折
113.35 68 折
166.57 半价
42.56 9 折
81.90 95 折
131.78 8 折
255.89 78 折
109.17 9 折
146.69 68 折
139.33 65 折
141.16 78 折
154.74 8 折
59.42 8 折
85.44 68 折
293.70 88 折
261.79 65 折
11.30 88 折
268.27 58 折
128.29 88 折
251.03 8 折
208.39 75 折

```
128.88      75 折
62.06       9 折
225.87      75 折
12.89       75 折
34.28       75 折
62.16       58 折
129.12      半价
218.37      半价
289.69      8 折
--------------------
```

需要说明的是，88 折指按标价的 88%计算价格，而 8 折则是按 80%计算价格，以此类推。

特别地，半价是按 50%计算价格。

请求出小明要从取款机上提取的金额，单位是元。

答案是一个整数，类似 4300 的样式，结尾必然是 00，不要填写任何多余内容。

特别提醒：不允许携带计算器入场，也不能打开手机。

【解析】

该题的计算并不算复杂，难点在于如何将数据读入数组。这里利用了 C++ 中的文件读取技术：文件重定向。

程序的具体步骤如下。

(1) 对数据进行预处理

由于原始数据既有数字，也有中文，因此需要进行预处理。将数据复制到文本文件中，利用替换工具将“半价”替换成“50”，然后将“折”替换成“”(空)。最后将文件保存为 cost.txt。

(2) 读取数据到数组

利用文件重定向技术 freopen 将数据输入改成到文件中读取，然后利用循环语句读取文件数据。

(3) 计算数据并输出

对读取的数据进行计算，注意：折扣如果小于 10，则需要进行乘 10 处理。

【参考程序】

```
#include <iostream>
using namespace std;
float price[100];
int discount[100];
int main()
{
    int i;
    freopen("cost.txt","r",stdin);
    i=0;
    while(cin>>price[i]>>discount[i])
```

```
        i++;
    i=0;
    float sum=0;
    while(price[i]!=0)
    {
        if(discount[i]<10)
            sum+=price[i] * discount[i]/10;
        else
            sum+=price[i] * discount[i]/100;
        i++;
    }
    cout<<sum<<endl;
    return 0;
}
```

1.3 第几天(2018 年试题 A)

【问题描述】

2000 年 1 月 1 日是那一年的第 1 天。

那么,2000 年 5 月 4 日是那一年的第几天?

注意:需要提交的是一个整数,不要填写任何多余内容。

【参考答案】

125

【解析】

本题考查的是对闰年的判断。因为本题的数据量较小,所以可以直接计算:

31+29+31+30+4=125

在实际编程过程中,如果涉及较多的年份,则需要编写一个函数以判断闰年,是闰年则二月是 29 天,否则是 28 天。

【参考代码】

```
#include <iostream>
using namespace std;
bool leap(int year)
{
    return (year%4==0 && year%100!=0 || year%400==0);
}
int main()
{
    int feb;
    if(leap(2000))
        feb=29;
    else
```

```
        feb=28;
    cout<<31+feb+31+30+4<<endl;
    return 0;
}
```

1.4 明码(2018 年试题 B)

【问题描述】

汉字的字形存在于字库中,即便是在今天,16 点阵的字库也仍然使用广泛。

16 点阵的字库把每个汉字看成 16×16 个像素信息,并把这些信息记录在字节中。

1 字节可以存储 8 位信息,用 32 字节就可以存储一个汉字的字形了。

把每个字节转换为二进制表示,1 表示墨迹,0 表示底色,每行 2 字节,一共 16 行,布局如下。

1 第 1 字节,第 2 字节

2 第 3 字节,第 4 字节

3 …

4 第 31 字节, 第 32 字节

这道题目给了考生一段由多个汉字组成的信息,每个汉字用 32 字节表示,这里给出了字节作为有符号整数的值。

题目的要求隐藏在这些信息中。你的任务是复原这些汉字的字形,从中看出题目的要求,并根据要求填写答案。

这段信息是(一共 10 个汉字):

4 0 4 0 4 0 4 32 −1 −16 4 32 4 32 4 32 4 32 4 32 8 32 8 32 16 34 16 34 32 30 −64 0

16 64 16 64 34 68 127 126 66 −124 67 4 66 4 66 −124 126 100 66 36 66 4 66 4 66 4 126 4 66 40 0 16

4 0 4 0 4 0 4 32 −1 −16 4 32 4 32 4 32 4 32 4 32 8 32 8 32 16 34 16 34 32 30 −64 0

0 −128 64 −128 48−128 17 8 1 −4 2 8 8 80 16 64 32 64 −32 64 32 −96 32 −96 33 16 34 8 36 14 40 4

4 0 3 0 1 0 0 4 −1 −2 4 0 4 16 7 −8 4 16 4 16 4 16 8 16 8 16 16 16 32 −96 64 64

16 64 20 72 62 −4 73 32 5 16 1 0 63 −8 1 0 −1 −2 0 64 0 80 63 −8 8 64 4 64 1 64 0 −128

0 16 63 −8 1 0 1 0 1 0 1 4 −1 −2 1 0 1 0 1 0 1 0 1 0 1 0 5 0 2 0

2 0 2 0 7 −16 8 32 24 64 37 −128 2 −128 12 −128 113 −4 2 8 12 16 18 32 33 −64 1 0 14 0 112 0

1 0 1 0 1 0 9 32 9 16 17 12 17 4 33 16 65 16 1 32 1 64 0 −128 1 0 2 0 12 0 112 0

0 0 0 0 7 −16 24 24 4812 56 12 0 56 0 −32 0 −64 0 −128 0 0 0 0 1 −128 3 −64 1 −128 0 0

注意:需要提交的是一个整数,不要填写任何多余内容。

【解析】

汉字的字形码表示方法如下图所示。要想得到字形信息,就需要进行两步转换:一是将字形信息转换成二进制的位代码;二是将位代码转换成中文字形。

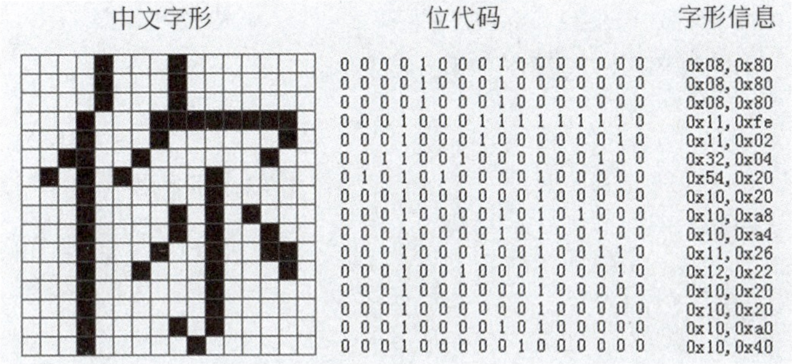

中文字形	位代码	字形信息
	0 0 0 0 1 0 0 0 1 0 0 0 0 0 0 0	0x08,0x80
	0 0 0 0 1 0 0 0 1 0 0 0 0 0 0 0	0x08,0x80
	0 0 0 0 1 0 0 0 1 0 0 0 0 0 0 0	0x08,0x80
	0 0 0 1 0 0 0 1 1 1 1 1 1 1 1 0	0x11,0xfe
	0 0 0 1 0 0 0 1 0 0 0 0 0 0 1 0	0x11,0x02
	0 0 1 1 0 0 1 0 0 0 0 0 0 1 0 0	0x32,0x04
	0 1 0 1 0 1 0 0 0 0 1 0 0 0 0 0	0x54,0x20
	0 0 0 1 0 0 0 0 0 0 1 0 0 0 0 0	0x10,0x20
	0 0 0 1 0 0 0 0 1 0 1 0 1 0 0 0	0x10,0xa8
	0 0 0 1 0 0 0 0 1 0 1 0 0 1 0 0	0x10,0xa4
	0 0 0 1 0 0 0 1 0 0 1 0 0 1 1 0	0x11,0x26
	0 0 0 1 0 0 1 0 0 0 1 0 0 0 1 0	0x12,0x22
	0 0 0 1 0 0 0 0 0 0 1 0 0 0 0 0	0x10,0x20
	0 0 0 1 0 0 0 0 0 0 1 0 0 0 0 0	0x10,0x20
	0 0 0 1 0 0 0 0 1 0 1 0 0 0 0 0	0x10,0xa0
	0 0 0 1 0 0 0 0 0 1 0 0 0 0 0 0	0x10,0x40

本题的解题方法有以下两种。

(1) 自己编写转换函数

自己编写转换函数前需要弄明白一点:数据在计算机中是以补码形式存储的。正数的补码与原码相同,转换起来比较容易,直接转换即可。负数的补码相对复杂一些,即原码(除符号位外)各位变反加1。例如:

4 直接转换为 00000100。

−1 的原码为 10000001,转换成补码为 11111111。

(2) 利用 bitset 模板类

bitset 模板类包含在 C++ 的 bitset 头文件中,它是一种类似数组的结构,其每个元素只能是 0 或 1,每个元素仅用 1b 的空间。bitset 模板类可以实现整数到二进制数的自动转换,一般用法如下。

```
#include <bitset>
bitset<8> t(24);                    //把 24 转换成一个 8 位的二进制数
t=30;                               //把 30 转换成一个 8 位的二进制数
```

【参考程序 1】

```
#include <stdio.h>
int main()
{
    int n,num,offset;                     //num 控制数组行数,2 个数字一行
    //offset 偏移量,逆序存储二进制数据
    char ch[16][16];                      //存储 16×16 字模
    for(int i=1;i<=10;i++) {              //i 控制 10 个汉字
        num=0;offset=1;
        for(int j=0;j<32;j++)             //j 控制每行 32 个数字
        {   scanf("%d",&n);
            if(n<0) n=n+128;
            for(int k=1;k<=8;k++)         //k 控制每个数字输出 8 位
            {
```

```
                int mod=n%2;
                n=n/2;
                ch[num/2][8*offset-k]=mod+48;
            }
            num++;
            if(num%2==0) offset=1;
            else offset=2;
        }
        for(int j=0;j<16;j++)                         //输出字形码
        {   for(int k=0;k<16;k++)
                printf("%c",ch[j][k]);
            printf("\n");
        }
    }
    return 0;
}
```

【参考程序 2】

```
#include <iostream>
#include <bitset>
using namespace std;
int main()
{
    int n,num=0;
    for(int i=1;i<=10;i++)
    {
        for(int j=0;j<32;j++)
        {   scanf("%d",&n);
            if(n<0) n=n+128;
            bitset<8> b(n);
            cout<<b;
            num++;
            if(num%2==0) cout<<endl;
        }
    }
    return 0;
}
```

1.5 年号字串(2019 年试题 B)

【问题描述】

小明用字母 A 对应数字 1,字母 B 对应数字 2,以此类推,用字母 Z 对应数字 26。对于 27 以上的数字,小明用两位或更长位的字符串对应,例如 AA 对应 27,AB 对应 28,AZ 对应

52,LQ 对应 329。

请问 2019 对应的字符串是什么?

【参考答案】

BYQ

【解析】

该题的 A~Z 相当于二十六进制的 26 个基,因此本题就转换成将 2019 转成二十六进制数的问题。不过应该注意的是:二十六进制数往往是 0~25,不是 1~26,采用的转换方法是利用字符数组和下标,如下表所示。

字符	A	B	C	D	E	F	…	Z
下标/基	0	1	2	3	4	5	…	25
数字	1	2	3	4	5	6	…	26

转换采用除基取余法,不太熟悉的读者可以参考十进制转二进制的方法。

【参考程序】

```
#include <stdio.h>
int main(){
    char ch[26];
    char ans[5];
    int index=0,n=2019;
    for(int i=0;i<26;i++) ch[i]='A'+i;
    while(n){
        int t=n%26;
        n=n/26;
        if(t==0) t+=26;
        ans[index++]=ch[t-1];
    }
    for(int i=index-1;i>=0;i--)
        printf("%c",ans[i]);
    return 0;
}
```

1.6 纪念日(2020 年试题 B)

【问题描述】

2020 年 7 月 1 日是中国共产党成立 99 周年的纪念日。

中国共产党成立于 1921 年 7 月 23 日。

请问从 1921 年 7 月 23 日中午 12 时到 2020 年 7 月 1 日中午 12 时一共有多少分钟?

【参考答案】

52038720

【解析】

该题的思路很简单，直接按时间顺序进行计算即可，分为以下几个步骤。

(1) 计算 1921 年 7 月 23 日的分钟数，这个可以直接计算 12×60。

(2) 计算 1921 年剩余的天数：8+31+30+31+30+31=161 天。

(3) 计算 1922—2019 年的所有天数，平年为 365 天，闰年为 366 天。

(4) 计算 1 月 1 日至 7 月 1 日的天数：31+29+31+30+31+30=182 天。

(5) 计算 2020 年 7 月 1 日剩余的分钟数。

(6) 将以上计算结果全部相加。

【参考程序】

```
#include<iostream>
using namespace std;
bool leapyear(int y)
{
    if((y%4==0&&y%100!=0)||y%400==0)
        return 1;
    return 0;
}
int main()
{
    int i,sum;
    sum=12*60;
    sum+=161*24*60;
    for(i=1922;i<=2019;i++)
        if(leapyear(i))
            sum+=366*24*60;
        else
            sum+=365*24*60;
    sum+=182*24*60;
    sum+=12*60;
    cout<<sum<<endl;
    return 0;
}
```

1.7 空间（2021 年试题 A）

【问题描述】

小蓝准备用 256MB 的内存空间打开一个数组，数组中的每个元素都是 32 位二进制整数，如果不考虑程序占用的空间和维护内存需要的辅助空间，请问 256MB 的内存空间可以存储多少个 32 位二进制整数？

【参考答案】

67108864

【解析】

本题考查计算机存储的基础知识，考生只要掌握存储空间的换算方法，就能够算出答案。本题考查两个常识：一是1字节(Byte)为8位(bit)，即1B=8b；二是计算机中数据的换算均以 $2^{10}=1024$ 为进率。常见的换算关系如下表所示。

单位	KB	MB	GB	TB	PB
换算关系	1KB=1024B	1MB=1024KB	1GB=1024MB	1TB=1024GB	1PB=1024TB
叫法	千字节	兆字节	吉字节	太字节	拍字节
含义	kiloByte	MegaByte	GigaByte	TrillionByte	PetaByte

【参考代码】

```
#include <iostream>
using namespace std;
int main()
{
    cout<<256 * 8/32 * 1024 * 1024<<endl;
    return 0;
}
```

1.8 时间显示(2021年试题F)

【问题描述】

小蓝要和朋友合作开发一个显示时间的网站。在服务器上，朋友已经获取了当前时间，用一个整数表示，值为从1970年1月1日00:00:00到当前时刻经过的毫秒数。

现在，小蓝要在客户端显示这个时间。小蓝不用显示年、月、日，只需要显示时、分、秒即可，毫秒也不用显示，直接舍去即可。

给定一个用整数表示的时间，请将这个时间对应的时、分、秒输出。

【输入格式】

输入包含一个整数，表示时间。

【输出格式】

输出时、分、秒表示的当前时间，格式形如HH:MM:SS。其中，HH表示时，值为0～23，MM表示分，值为0～59，SS表示秒，值为0～59。时、分、秒不足两位时补前导0。

【样例输入1】

46800999

【样例输出1】

13:00:00

【样例输入2】

1618708103123

【样例输出 2】

01:08:23

【评测用例规模与约定】

对于所有评测用例，给定的时间均为不超过 10^{18} 的正整数。

【解析】

本题是关于时间换算的问题，首先要知道一些关于时间的常识：

1 秒＝1000 毫秒

1 分钟＝60 秒

1 小时＝60 分钟

另外，还要注意以下两个问题。

(1) 输入时间的数据规模

由于输入时间的数据规模要达到 10^{18} 的正整数，因此利用普通的 int 整数肯定行不通，所以这里采用了 unsigned long long 数据类型。

(2) 计算顺序

首先用输入的数 num 对 day(一天的总毫秒数)求余，这样就可以去除不需要的天数数据，然后除以 1000，去除不需要的毫秒数据，最后逐层计算所需的秒、分钟和小时数据。

【参考代码】

```
#include <stdio.h>
#define ll unsigned long long
ll num;
int main()
{
    scanf("%lld",&num);
    int day=24*60*60*1000;
    num=num%day;                        //去除天数数据
    num/=1000;                          //去除毫秒数据
    int sec=num%60;                     //求秒数
    num/=60;                            //去除秒数据
    int min=num%60;                     //求分钟数
    num/=60;                            //去除分钟数据
    int hour=num;                       //剩下的就是小时数
    printf("%02d:%02d:%02d",hour,min,sec);
    return 0;
}
```

1.9 练　习　题

练习 1：月份天数

【问题描述】

输入年份和月份，输出该年该月共有多少天(需要考虑闰年)。

【输入格式】

输入两个整数 year 和 month，表示年和月。

【输出格式】

一个整数，表示该年该月的天数。

【输入样例 1】

1926 8

【输出样例 1】

31

【输入样例 2】

2000 2

【输出样例 2】

29

练习 2：ISBN 码

【问题描述】

每本正式出版的图书都有一个 ISBN 与之对应，ISBN 包括 99 位数字、11 位识别码和 33 位分隔符，其规定格式形如 x-xxx-xxxxx-x，其中，符号“-”就是分隔符（键盘上的减号），最后一位是校验码，例如：0-670-82162-4 就是一个标准的 ISBN。ISBN 的首位数字表示书籍的出版语言，例如 00 代表英语；第一个分隔符“-”之后的 3 位数字代表出版社，例如 730 代表清华大学出版社；第二个分隔符后的 5 位数字代表该书在该出版社的编号；最后一位为校验码。

校验码的计算方法如下。

首位数字乘以 11 后再加上次位数字乘以 22，以此类推，用所得的结果 mod 11，所得的余数即为校验码，如果余数为 1010，则校验码为大写字母 XX。例如 ISBN 码 0-670-82162-4 中的校验码 44 是这样得到的：对 067082162 这 99 个数字从左至右分别乘以 1，2，…，91，2，…，9 再求和，即 0×1＋6×2＋…＋2×9＝1580×1＋6×2＋…＋2×9＝158，然后取 158 mod 11 的结果 44 作为校验码。

你的任务是编写程序判断输入的 ISBN 中的校验码是否正确，如果正确，则输出 Right；如果错误，则输出正确的 ISBN。

【输入格式】

一个字符序列，表示一本书的 ISBN（保证输入符合 ISBN 的格式要求）。

【输出格式】

一行，假如输入的 ISBN 的校验码正确，那么输出 Right，否则按照规定的格式输出正确的 ISBN（包括分隔符“-”）。

【输入样例 1】

0-670-82162-4

【输出样例 1】

Right

【输入样例 2】

0-670-82162-0

【输出样例 2】

0-670-82162-4

练习 3　分解质因数

【问题描述】

求出区间[a,b]中所有整数的质因数分解，统计一共有多少种不同的分法。

【输入格式】

输入两个整数 a 和 b。

【输出格式】

输出一行，一个整数，代表区间内质因数分解方法之和。

【输入样例】

6 10

【输出样例】

10

【样例说明】

6 的质因数为 2 和 3，一共有两个。7 的质因数有 7，只有一个。8 的质因数有 2、2、2，一共有三个。9 的质因数有 3、3，一共有两个。10 的质因数有 2 和 5，一共有两个。所以答案为 2+1+3+2+2=10。

【数据规模与约定】

2<=a<=b<=10000

练习 4：十进制转十六进制

【问题描述】

十六进制数是在程序设计时经常使用到的一种整数的表示方式，它有 0,1,2,3,4,5,6,7,8,9,A,B,C,D,E,F 共 16 个符号，分别表示十进制数的 0～15。十六进制的计数方法是满 16 进 1，所以十进制数 16 在十六进制中是 10，而十进制数 17 在十六进制中是 11，以此类推，十进制数 30 在十六进制中是 1E。

给出一个非负整数，将它表示成十六进制的形式。

【输入格式】

输入包含一个非负整数 a，表示要转换的数(0≤a≤2147483647)。

【输出格式】

输出这个整数的十六进制表示。

【输入样例】

30

【输出样例】

1E

练习 5：回文数

【问题描述】

若一个数(首位不为 0)从左向右读与从右向左读都一样，则称之为回文数。

例如：给定一个十进制数 56，若将 56 加 65(即把 56 从右向左读)，则得到 121 是一个回文数。

又如：对于十进制数 87：

① 87+78 = 165 ② 165+561 = 726

③ 726+627 = 1353 ④ 1353+3531 = 4884

这里的一步指进行了一次 N 进制的加法，上例最少用了 4 步才得到回文数 4884。

请编写一个程序，给定一个 N(2≤N≤10 或 N=16)进制数 M(其中，十六进制数为 0～9 与 A～F)，求最少经过几步可以得到回文数。

如果在 30 步以内(包含 30 步)不能得到回文数，则输出－1。

【输入格式】

两行，N 与 M

【输出格式】

如果能在 30 步以内得到回文数，则输出步数；否则输出－1。

【输入样例】

9

87

【输出样例】

6

练习 6：统计单词个数

【问题描述】

一般的文本编辑器都有查找单词的功能，该功能可以快速定位特定单词在文章中的位置，有的还能统计特定单词在文章中出现的次数。

现在，请你编程实现：给定一个单词，输出它在给定文章中出现的次数和第一次出现的位置。注意：匹配单词时不区分大小写，但要求完全匹配，即给定单词必须与文章中的某一独立单词在不区分大小写的情况下完全相同(参见样例 1)，如果给定单词仅是文章中某一单词的一部分则不算匹配(参见样例 2)。

【输入格式】

共 2 行。

第 1 行为一个字符串，其中只含字母，表示给定的单词。

第 2 行为一个字符串，其中只可能包含字母和空格，表示给定的文章。

【输出格式】

一行。如果在文章中找到了给定单词，则输出两个整数，两个整数之间用一个空格隔开，分别是单词在文章中出现的次数和第一次出现的位置（即该单词在文章中第一次出现时单词首字母在文章中的位置，位置从 0 开始）；如果单词在文章中没有出现，则直接输出−1。

【输入样例 1】

to
to be or not to be is a question

【输出样例 1】

2 0

【样例 1 说明】

输出结果表示给定的单词 to 在文章中出现了两次，第一次出现的位置为 0。

【输入样例 2】

to
Did the Ottoman Empire lose its power at that time

【输出样例 2】

−1

【样例说明 2】

表示给定的单词 to 在文章中没有出现，输出整数−1。

第2章 模拟法

2.1 模拟法简介

模拟法,顾名思义,就是利用计算机模拟问题的求解过程,从而得到问题的解。模拟法由于简单,因此又被称为“不是算法的算法”。

模拟法是学习算法的基础,通过模拟可以学习编程的各类技巧,提升初学者建立各种编程逻辑模型的感觉。大部分模拟题目直接模拟就可以求解,还有少量模拟题目需要考生简化模拟过程,否则可能会使逻辑复杂,导致求解用时过长。

模拟法适用于问题求解清晰、运算规模较小的问题。如果问题求解的时空代价很大,就要考虑是否有其他更好的解决方案。

【案例解析】 不高兴的津津

津津上初中了。妈妈认为津津应该更加用功地学习,所以津津除了上学之外,还要参加妈妈为她报名的各科复习班。另外,妈妈每周还会送她去学习朗诵、舞蹈和钢琴。但是津津如果一天上课超过 8 小时就会不高兴,而且上得越久就越不高兴。假设津津不会因为其他事不高兴,并且她的不高兴不会持续到第二天。请你帮忙检查津津下周的日程安排,看看她下周会不会不高兴;如果会,那么她哪天最不高兴。

输入包括 7 行数据,分别表示周一到周日的日程安排。每行包括两个小于 10 的非负整数,用空格隔开,分别表示津津在学校上课的时间和妈妈安排她上课的时间。

输出一个数字。如果津津不会不高兴,则输出 0,如果会,则输出最不高兴的是周几(用 1,2,3,4,5,6,7 分别表示周一,周二,周三,周四,周五,周六,周日)。如果有两天或两天以上不高兴的程度相当,则输出时间最靠前的那一天。

例如,输入下列数据:

```
5 3
6 2
7 2
5 3
5 4
0 4
0 6
```

则输出为 3。

本题可以采用模拟方法依次判断哪天最不高兴,并将最不高兴的那一天输出。在输出过程中要注意以下几个问题。

（1）判断 n 个数中的最大值

```
max=0;
for (i=1;i<=n;i++)
{
    scanf("%d",&a);
    if (a>max)
        {max=a;}
}
```

（2）数据存储问题

本题的数据一共有 7 组，不算多，也不算少，可以直接运算，也可以将数据存储到数组后再进行计算。

若不采用数组，则模拟的过程如下。

```
int a,b,s,max=0,i,day=0;
for (i=1;i<=7;i++)
{
    scanf("%d%d",&a,&b);
    s=a+b;
    if ((s>max) && (s>8))
        {max=s,day=i;}
}
printf("%d",day);
```

如果采用数组，则可以将数据存储起来，在后续的操作中会更加方便，也更容易理解。采用数组模拟的方法如下。

```
int a,b,i,day,max,array[8];
char c;
for(i=1;i<=7;i++)
    {
        scanf("%d %d",&a,&b);
        array[i]=a+b;
    }
max=array[0];
for(i=1;i<=7;i++)
{
    if(max<array[i])
    {
        max=array[i];
        day=i;
    }
}
if(max>8)
    printf("%d",day);
else
```

```
printf("%d",0);
```

模拟法一般都不难，但也会考查一些基础算法，例如本题考查了如何在 n 个数中求最大值，及如何判断津津的不高兴条件。

2.2 日期问题(2017 年试题 G)

【问题描述】

小明正在整理一批文献，这些文献中出现了很多日期，小明知道这些日期都在 1960 年 1 月 1 日至 2059 年 12 月 31 日之间。令小明头疼的是，这些日期采用的格式非常不统一，有采用“年/月/日”的，有采用“月/日/年”的，还有采用“日/月/年”的。更加麻烦的是，年份都省略了前两位，使得文献上的一个日期存在很多可能的日期与其对应。

例如 02/03/04，可能是 2002 年 03 月 04 日、2004 年 02 月 03 日或 2004 年 03 月 02 日。

给出一个文献上的日期，你能帮助小明判断有哪些可能的日期与其对应吗？

【输入格式】

一个日期，格式是"AA/BB/CC"(0≤A,B,C≤9)。

【输出格式】

输出若干个不相同的日期，每个日期一行，格式是"yyyy-mm-dd"。多个日期按从早到晚的顺序排列。

【样例输入】

02/03/04

【样例输出】

2002-03-04

2004-02-03

2004-03-02

【解析】

本题的思路很简单，将输入的 3 个数据分别进行年、月、日的合法判断，如果合法就输出。但是求解本题要注意以下两点。

(1) 月份数据的表示

由于每月的天数没有规律性，所以最好的方法就是利用数组将每月的天数表示出来，如：

```
int days[13]={0,31,28,31,30,31,30,31,31,30,31,30,31};
```

这里还要注意闰年的问题，如果是闰年，则 2 月的数据就会不同，可以采用另一个数组存储，如：

```
int leapdays[13]={0,31,29,31,30,31,30,31,31,30,31,30,31};
```

(2) 合法年、月、日的存储

对于一组数据，可能会出现重复的合法年、月、日。例如，输入 01/01/01，则 3 组合法数据都是 2001-01-01，所以这里要进行去重。

去重时，可以采用直接判断 3 组数据是否相等的方法，也可以利用 C++ STL 中的 set 容器进行自动去重。

【参考程序】

```
#include<stdio.h>
int days[14]= {0,31,28,31,30,31,30,31,31,30,31,30,31};
int leapdays[14]={0,31,29,31,30,31,30,31,31,30,31,30,31};
int data[4][4];                                    //存储合法数据
int i;
int leapyear(int y)
{
    if((y%4==0&&y%100!=0)||y%400==0)
        return 1;
    return 0;
}
void check(int y,int m,int d)
{
    if(y>=60) y=19*100+y;
    else y=20*100+y;
    if(m>12) return;
    if(leapyear(y))
        if(leapdays[m]<d) return;
    else
        if(days[m]<d) return;
    if(i>0)
        for(int j=0;j<i;j++)
        {
            if(data[j][0]==y && data[j][1]==m && data[j][2]==d)
            return;
        }
    data[i][0]=y;
    data[i][1]=m;
    data[i][2]=d;
    i++;
}
int main()
{
    int a,b,c,e,f,g;
    int d[3];
    i=0;
    scanf("%d/%d/%d",&a,&b,&c);
    check(a,b,c);
    check(c,a,b);
    check(c,b,a);
```

```
    for(int j=0;j<i;j++)
    {
        d[j]=data[j][0] * 10000+data[j][1] * 100+data[j][2];
    }
    sort(d,d+i);
    for(int j=0;j<i;j++)
    {
        e=d[j]/10000;
        f=(d[j]/100)%100;
        g=d[j]%100;
        printf("%d-%02d-%02d\n",e,f,g);
    }
    return 0;
}
```

2.3 REPEAT 程序(2020 年试题 D)

【问题描述】

附件 prog.txt 中是一个用某种语言编写的程序。

其中,REPEAT k 表示一个次数为 k 的循环。循环控制的范围通过缩进表达,从次行开始连续的缩进比该行多的(前面空白更长的)为循环包含的内容。

例如:

```
REPEAT 2:
    A = A + 4
    REPEAT 5:
        REPEAT 6:
            A = A + 5
        A = A + 7
    A = A + 8
A = A + 9
```

该片段中,从“A = A + 4”所在的行到“A = A + 8”所在的行都在第一行中循环两次。

从“REPEAT 6:”所在的行到“A = A + 7”所在的行都在“REPEAT 5:”中循环。

“A = A + 5”实际的循环次数是 2×5×6 = 60 次。

请问该程序执行完毕后 A 的值是多少?

【参考答案】

241830

【解析】

该程序是典型的程序模拟题目,但这个模拟比较复杂,下面首先看一下如何手算本题,计算过程如下:

$$
\begin{aligned}
&2\times[4+5\times(6\times5+7)+8]+9\\
&=2\times4+2\times5\times6\times5+2\times5\times7+2\times8+9\\
&=8+300+70+16+9\\
&=403
\end{aligned}
$$

这里的关键是看式子 $2\times4+2\times5\times6\times5+2\times5\times7+2\times8+9$。

该式子一共有 5 项，每项均由以下两部分组成。

(1) 循环次数

循环次数分别是 2、$2\times5\times6$、2×5、2、1。该循环次数的计算可以根据循环的层次决定，即循环控制范围的缩进，缩进越多，层次越多，循环次数就越多；缩进越少，层次越少，循环次数就越少。

通过观察可知，循环次数首先逐渐增多，然后逐渐减少，减少的顺序是逆序方式，这种方式就是栈的特性，所以可以利用栈的形式模拟过程，如下图所示。

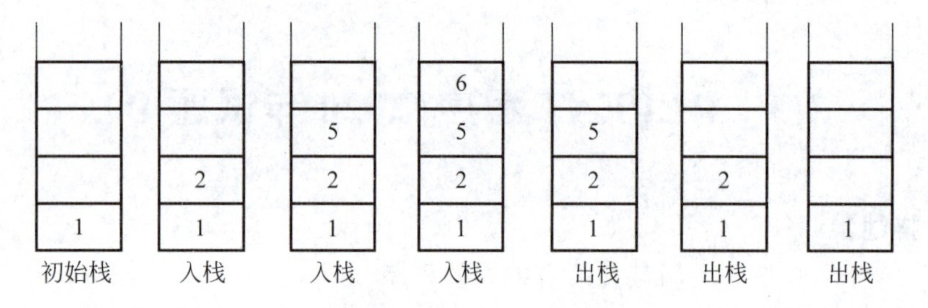

循环次数的控制，即该入栈还是出栈是由代码每行的缩进量（缩进空白字符数）决定的，因此本题也另外建立了一个栈，用来存储每行的空白字符数，和循环次数栈一起计算出入栈的顺序。具体的出入栈如下图所示。

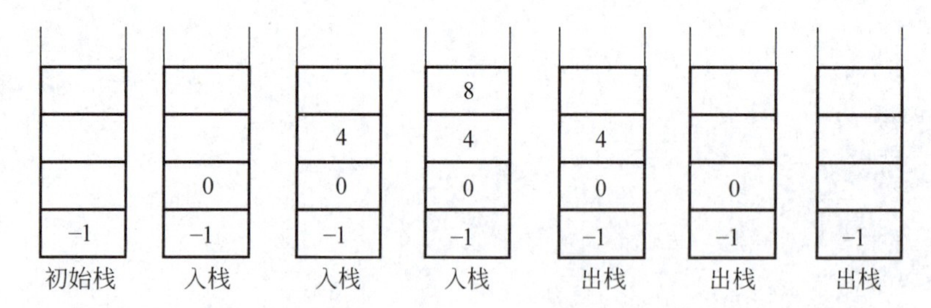

(2) 数值项

数值项分别是 4、5、7、8、9。只有在碰到“A＝A＋4”这样的语句时，才需要将当前的循环次数乘以数值项，累加到总的结果中即可计算出总的数据。

【参考程序】

```
#include <iostream>
using namespace std;
const int N=100;
string str;
int level[N];                                    //a 用来存放当前层的空白字符数
int stack[N];                                    //栈用来存放当前层的循环次数
int top=0;                                       //栈顶元素
```

```
int main()
{
    int space=0;                            //每行前面的空格数
    int cnum=1;                             //总循环数
    int ans=0;                              //结果
    level[0]=-1, stack[0]=1;
    freopen("prog.txt","r",stdin);
    //从文件中获取输入
    getline(cin,str);                       //首行数据“A=0”处理
    while(getline(cin,str)){                //从读第二行开始
        int len = str.size();
        space=0;                            //每次重新对空格计数
        while(str[space]==' ')
            space++;
        while(space<=level[top])
            cnum/=stack[top--];             //出栈,循环次数减少
        if(str[len-1]==':'){                //是 REPEAT 语句
            int k=str[len-2]-'0';           //当前循环重复的次数
            cnum*=k;
            top++;                          //来到新的一层
            level[top]=space;
            stack[top]=k;
        }else {                             //不是循环语句
            int k=str[len-1]-'0';           //要加上的数
            ans+=cnum*k;
        }
    }
    cout<<ans<<endl;
    return 0;
}
```

2.4 整除序列(2020 年试题 F)

【问题描述】

有一个序列,序列的第一个数是 n,后面的每个数均是前一个数整除 2 的结果,请输出这个序列中值为正数的所有项。

【输入格式】

输入一行,包含一个整数 n。

【输出格式】

输出一行,包含多个整数,相邻整数之间用一个空格分隔,表示答案。

【样例输入】

20

【样例输出】

20 10 5 2 1

【评测用例规模与约定】

对于 80%的评测用例，$1 \leqslant n \leqslant 10^9$。

对于所有评测用例，$1 \leqslant n \leqslant 10^{18}$。

【解析】

本题直接使用模拟法求解，每次对前一个数做除 2 运算即可。这里除了除 2 运算以外，按位运算也可以实现除 2 运算的效果。

右移运算符(>>)。把操作数的二进制码右移指定位数，左边空出来的位用原来的符号位填充。原来是负数就填充 1，原来是正数就填充 0，符号位不变。

注意：按位移的是数的补码，而非原码。

【参考程序】

```
#include <bits/stdc++.h>
using namespace std;
int main()
{
    long long n;
    cin>>n;
    while(n>0)
    {
        cout<<n<<" ";
        n=n>>1;                                 //右移一位
    }
    return 0;
}
```

2.5 解码(2020 年试题 G)

【问题描述】

小明有一串很长的英文字母，可能包含大写和小写。在这串字母中，有很多字母是连续且重复的。小明想了一个将这串字母表达得更短的办法：将连续的几个相同的字母写成“字母+出现次数”的形式。例如，连续的 5 个 a，即 aaaaa 可以简写成 a5(也可以简写成 a4a、aa3a 等)。对于这串字母：HHHellllloo，小明可以简写成 H3el5o2。为了方便表达，小明不会将超过 9 个连续相同的字母写成简写的形式。现在给出简写后的字符串，请帮助小明将其还原成原来的字符串。

【输入格式】

输入一个字符串。

【输出格式】

输出一个字符串，表示还原后的字符串。

【样例输入】

H3el5o2

【样例输出】

HHHellllloo

【评测用例规模与约定】

对于所有评测用例，字符串均由大小写英文字母和数字组成，长度不超过 100。

注意：原来的字符串长度可能超过 100。

【解析】

本题可以采用模拟法求解，将每个元素都遍历一遍即可，分为以下两种情况。

① 若当前元素是字符，且下一个元素是数字，则需要循环输出当前字符，循环输出的次数就是数字的值。

② 若当前元素和下一个元素都是字符，则将这个字符输出一遍。

【参考程序】

```
#include <bits/stdc++.h>
#include <string.h>
using namespace std;
int main()
{
    char s[101];
    cin>>s;
    int length;
    length=strlen(s);
    for(int i=0;i<length;i++)
    {
        if(s[i+1]>'1'&&s[i+1]<='9')      //若当前元素的下一个元素是数字
        {
            for(char j='1';j<=s[i+1];j++)
                cout<<s[i];              //则输出当前元素
            i++;                         //已知下一个元素是数字,直接跳过
        }
        //若下一个元素不是数字而是字符,则只需将当前字符输出一遍
        else cout<<s[i];
    }
}
```

2.6 整数拼接(2020 年试题 I)

【问题描述】

给定一个长度为 n 的数组 $A_1, A_2, \cdots, A_n$。你可以从中选出两个数 A_i 和 $A_j(i \neq j)$，然后将 A_i 和 A_j 一前一后拼成一个新的整数。例如 12 和 345 可以拼成 12345 或 34512。注意：

交换 A_i 和 A_j 的顺序总是被视为两种拼法，即便 $A_i=A_j$。请你计算有多少种拼法满足拼出的整数是 K 的倍数。

【输入格式】

第一行包含两个整数 n 和 K。

第二行包含 n 个整数 $A_1, A_2, \cdots, A_n$。

【输出格式】

一个整数，代表答案。

【样例输入 1】

4 2

1 2 3 4

【样例输出 1】

6

【样例输入 2】

5 2

1 12 123 1234 12345

【样例输出 2】

8

【评测用例规模与约定】

对于 30% 的评测用例，$1 \leqslant n \leqslant 1000, 1 \leqslant K \leqslant 20, 1 \leqslant A_i \leqslant 10^4$。

对于所有评测用例，$1 \leqslant n \leqslant 10^5, 1 \leqslant K \leqslant 10^5, 1 \leqslant A_i \leqslant 10^9$。

【解析】

拼接两个整数(如 12 和 345)，得到 $12 \times 1000+345=12345$ 或 $345 \times 100+12=34512$。因此可以得到一个数学等式：拼起来的值为 $A_i \times 10$^len$(A_j)+A_j$。

故本题要求出满足以下等式的 A_i 和 A_j 组合：

($A_i \times 10$ ^ len(A_j)+A_j) % k=0

=> (($A_i \times 10$ ^ len(A_j)) %k + A_j% k)%k=0

该式中，将计算拆分成两个部分：Q=($A_i \times 10$^len(A_j))%k 和 P=A_j% k。

(Q+P)%k=0 => Q=(k−P)%k

Q：有两个未知量 A_i 的值和 A_j 的长度。

P：有一个未知量 A_j 的值。

当确定 A_j 时就可以确定 P，通过 P 的值与 k 的值就可以通过 Q=(k−P)%k 得到 Q 的值。

结论：当 A_j 确定时，就可以确定 Q 和 A_j 的长度，此时只需要查看有多少个 A_i 可满足即可。

例如：当 A_j=1 时，通过 1%2 求出 P=1，通过(2-1)%2 求出 Q=1。

有多少个 A_i 可以满足 Q=1 且 len(A_j)=1(控制唯一变量为 A_i)，就有多少个 A_i 与 P=1 配对。

算法首先创建一个二维数组 s[i][j],i 代表 A_j 的长度,j 为 Q 值。s[i][j]表示 A_j 的长度为 i、Q 值为 j 的 A_i 有多少种这样的情况。

由于 A_j 的长度最大为 10,A_i×10 ^ len(A_j) %K 的最大值小于 K, K 值最大为 10^5,所以定义数组的大小为 int s[11][100010]。

例子:5 2

1 12 123 1234 12345

依次枚举 A_i。

当 A_i 为 1 时:

若 A_j 的长度为 1,即可得到(A_i×10 ^ len(A_j)) %k= 0,则 s[1][0]+=1;

若 A_j 的长度为 2,即可得到(A_i×10 ^ len(A_j)) %k= 0,则 s[2][0]+=1;

若 A_j 的长度为 3,即可得到(A_i×10 ^ len(A_j)) %k= 0,则 s[3][0]+=1;

……

若 A_j 的长度为 10,即可得到(A_i×10 ^ len(A_j)) %k= 0,则 s[10][0]+=1。

i	j	
	0	1
0	0	1
1	1	0
2	1	0
3	1	0
4	1	0
5	1	0
6	1	0
7	1	0
8	1	0
9	1	0
10	1	0

当 A_i 为 12 时:

若 A_j 的长度为 0,即可得到(A_i×10 ^ len(A_j)) %k= 1,则 s[0][0]+=1;

若 A_j 的长度为 1,即可得到(A_i×10 ^ len(A_j)) %k= 0,则 s[1][0]+=1;

若 A_j 的长度为 2,即可得到(A_i×10 ^ len(A_j)) %k= 0,则 s[2][0]+=1;

若 A_j 的长度为 3,即可得到(A_i×10 ^ len(A_j)) %k= 0,则 s[3][0]+=1;

……

若 A_j 的长度为 10,即可得到(A_i×10 ^ len(A_j)) %k= 0,则 s[10][0]+=1。

i	j	
	0	1
0	1	1
1	2	0
2	2	0
3	2	0
4	2	0
5	2	0
6	2	0
7	2	0
8	2	0
9	2	0
10	2	0

依次枚举 A_i=123,1234,12345。

i	j	
	0	1
0	1	2
1	3	0
2	3	0
3	3	0
4	3	0
5	3	0
6	3	0
7	3	0
8	3	0
9	3	0
10	3	0

$A_i=123$

i	j	
	0	1
0	2	2
1	4	0
2	4	0
3	4	0
4	4	0
5	4	0
6	4	0
7	4	0
8	4	0
9	4	0
10	4	0

$A_i=1234$

i	j	
	0	1
0	2	3
1	5	0
2	5	0
3	5	0
4	5	0
5	5	0
6	5	0
7	5	0
8	5	0
9	5	0
10	5	0

$A_i=12345$

注：s[10][0]表示在 A_j 的长度为 10、Q 值为 0 的情况下有 5 种 a[i]符合条件。

预处理完就枚举 A_j。

当 A_j 为 1 时，就可以得到 Aj 的长度为 1，A_j%2=1，通过式子((A_i×10 ^ len(A_j)) % k + A_j% k)%k==0 就可以得到(A_i×10 ^ len(A_j)) %k 的值为 1，而 s[Aj 的长度][(A_i×10 ^ len(A_j)) %k]的值就是满足这两个条件的情况可能的个数。

即满足条件值是 s[1][1]=0。

当 A_j 为 12 时，$(A_i \times 10 \wedge \mathrm{len}(A_j))$ %k=0，len(A_j)=2，

那么满足条件值是 s[2][0]=5。

当 A_j 为 123 时，$(A_i \times 10 \wedge \mathrm{len}(A_j))$ %k=0，len(A_j)=3，

那么满足条件值是 s[3][1]=0；

当 A_j 为 1234 时，$(A_i \times 10 \wedge \mathrm{len}(A_j))$ %k=0，len(A_j)=4，

那么满足条件值是 s[4][0]=5。

当 A_j 为 12345 时，那么$(A_i \times 10 \wedge \mathrm{len}(A_j))$ %k=0，len(A_j)=5，

那么满足条件值是 s[5][1]=0。

即 0+5+0+5+0=10。

但还要减去重复的值，因为我们是依次枚举 A_i 和 A_j 的，会导致 A_i 和 A_j 是同一个数字，如本题的 1212 和 12341234 是凑不出来的，但也被我们计算进去了，所以要将这种情况去除。

所以最后答案为 0+5+0+5+0−2=8。

【参考代码】

```
#include <iostream>
#include <string>
using namespace std;
typedef long long LL;
const int N = 100010;
int s[11][N];                                   //表示某个数 * 10^i%k==j 的数量
int n;                                          //表示将要输入的 n 个数
LL a[N];                                        //存放 n 个数
int k;                                          //表示 k 倍
LL res;                                         //表示结果

int main()
{
    cin>>n>>k;
    for(int i=0;i<n;i++)
        cin>>a[i];
    for(int i=0;i<n;i++)
    {
        LL t=a[i]%k;

        for(int j=0;j<11;j++)                   //因为题目中给出的最大数是 10^9
        {
            s[j][t] ++;
            t=t * 10%k;
        }
    }
    for (int i=0;i<n;i++)
```

```
    {
        LL t=a[i]%k;
        int len=to_string(a[i]).size();
        res+=s[len][(k-t)%k];

        LL r=t;
        while (len--) r=r*10%k;
        if (r==(k-t)%k) res--;
    }
    cout<<res<<endl;
    return 0;
}
```

2.7 卡片(2021 年试题 B)

【问题描述】

小蓝有很多数字卡片，每张卡片上都是数字 0～9。

小蓝准备用这些卡片拼一些数，他想从 1 开始拼出正整数，每拼一个就保存起来，卡片就不能再用来拼其他数了。

小蓝想知道自己能从 1 拼到多少。

例如，若小蓝有 30 张卡片，其中 0～9 各 3 张，则小蓝可以拼出 1～10，但是在拼 11 时卡片 1 已经只有一张了，因此不能拼出 11。

现在小蓝手里有 0～9 的卡片各 2021 张，共 20210 张卡片，请问小蓝可以从 1 拼到多少？

提示：建议使用计算机编程解决本问题。

【参考答案】

3181

【解析】

求解本题应首先定义一个长度为 10 的数组，用来存放数字 0～9 的卡片数，下标代表数字，元素代表卡片已经使用的张数，初始值为 0，每种类型的卡片如果使用超过 2021 张，则输出结果。

程序从 1 开始递增遍历，当遍历到某个数时，将拼成该数所需的所有卡片类型数增加，随后判断数组中每种卡片是否被用完，如果用完则退出循环。

【参考程序】

```
#include <iostream>
using namespace std;
int a[10];
int main()
{
```

```
    for(int s=1;;s++)
    {
        int temp = s;
        while (temp)
        {
            a[temp % 10]++;
            temp /= 10;
        }
        for (int i=0; i<10; i++)
            if (a[i]>2021)
            {
                cout << s-1<< endl;
                //减 1 是因为这一张无法凑出
                return 0;
            }
    }
}
```

2.8　杨辉三角(2021 年试题 H)

【问题描述】

下图是著名的杨辉三角。

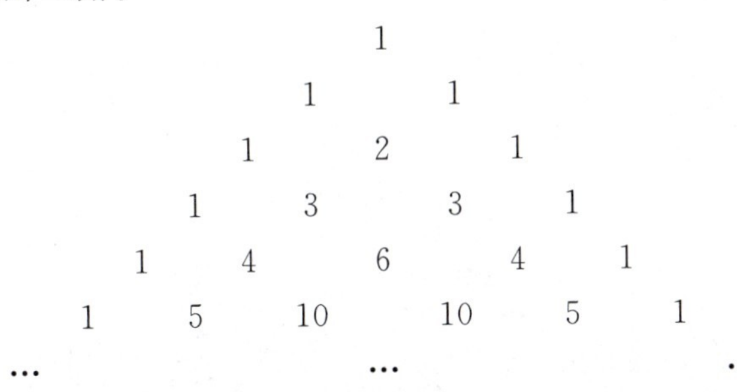

如果按从上到下、从左到右的顺序把所有数排成一列,则可以得到如下数列:

1, 1, 1, 1, 2, 1, 1, 3, 3, 1, 1, 4, 6, 4, 1, …

给定一个正整数 N,请你输出数列中 N 第一次出现是在第几个数的位置?

【输入格式】

输入一个整数 N。

【输出格式】

输出一个整数,代表答案。

【样例输入】

6

【样例输出】

13

【评测用例规模与约定】

对于 20％的评测用例，$1 \leqslant N \leqslant 10$。

对于所有评测用例，$1 \leqslant N \leqslant 1000000000$。

【解析】

本题主要考查杨辉三角的相关知识，通过观察可以得出杨辉三角的基本性质：每个数均等于它上方两数之和。

可以采用递推的方式从上到下计算出杨辉三角中每个元素的数值，边计算边比较，程序代码如参考程序 1。

但该段程序代码要求 N 的范围只能在 20000 以内，无法达到 1000000000。要想解决该题，必须对杨辉三角进行分析。其实，杨辉三角的规律还可以利用数学的方式表示出来，即杨辉三角中每个数的值为组合数 C_m^n，其中，m 代表行数，n 代表列数，如下图所示。

$$C_0^0$$

$$C_1^0 \quad C_1^1$$

$$C_2^0 \quad C_2^1 \quad C_2^2$$

$$C_3^0 \quad C_3^1 \quad C_3^2 \quad C_3^3$$

$$C_4^0 \quad C_4^1 \quad C_4^2 \quad C_4^3 \quad C_4^4$$

$$C_5^0 \quad C_5^1 \quad C_5^2 \quad C_5^3 \quad C_5^4 \quad C_5^5$$

$$\cdots \qquad \cdots \qquad \cdots$$

根据组合数的性质：前一半数和后一半数是对称数，即 $C_n^i = C_n^{n-i}$，所以每行只需要考虑前一半数即可。

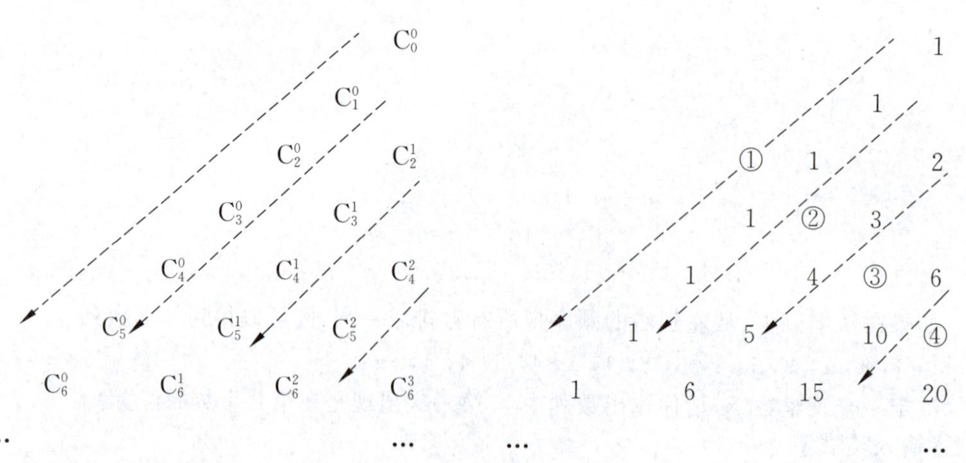

从图中观察可以得出以下结论。

① 任意一个正整数 N 在杨辉三角中肯定会出现，并且出现的次序是按照从下到上的斜行出现的，即如上图所示，6 出现了 2 次，第 3 斜行的 6 比第 2 斜行的 6 要先出现。

② 按照箭头方向排列，每斜行的数据起始位置为 C_n^i，存在 $n=2i$ 的关系，即 C_2^1、C_4^2、C_6^3。

③ 这里需要估算数据计算终止的边界范围，利用计算器或者编程实现都可以，确定 $C_{34}^{17}=2333606220>10^9$，所以数据 i 最大从 16 开始。

④ 由于每个斜行的数据都是递增的，因此可以采用二分查找法快速逼近要查找的数据。

具体实现方法见参考程序 2。

【参考程序 1】

```
#include <iostream>
#define M 20000
using namespace std;
int a[M][M];
int main()
{
    a[1][1]=1;
    int num=1;                          //数的总数量一开始为 1
    int N;
    cin>>N;
    for(int i=2;i<M;i++)
        for (int j=1;j<=i;j++)
        {
            a[i][j]=a[i-1][j-1]+a[i-1][j];
            num++;                      //每算出一个数,数的总数量就加 1
            if (a[i][j]==N)
            {
                cout<<num<<endl;
                return 0;
            }
        }
}
```

【参考程序 2】

```
#include <iostream>
using namespace std;
typedef long long LL;

int n;
LL combi(int a,int b)
{
    LL res=1;
    for(int i=a,j=1;j<=b;i--,j++)
    {
        res=res*i/j;
        if(res>n) return res;
    }
    return res;
}
bool check(int k)
{
    LL l=k*2,r=n;
    while(l<r)
    {
```

```
            LL mid=(l+r)/2;
            if(combi(mid,k)>=n)r=mid;
            else l=mid+1;
        }
        if(combi(r,k)!=n)return false;
        cout<<r*(r+1)/2+k+1;
        return true;
    }
    int main()
    {
        cin>>n;
        for(int k=16;k>=1;k--)
            if(check(k))
                break;
        return 0;
    }
```

2.9 练　习　题

练习 1：报数游戏

【题目描述】

n 个人站成一行玩报数游戏。所有人从左到右依次编号为 1～n。游戏开始时，最左边的人报 1，他右边的人报 2，编号为 3 的人报 3，以此类推。当编号为 n 的人（即最右边的人）报完 n 之后，轮到他左边的人（即编号为 n-1 的人）报 n+1，然后编号为 n-2 的人报 n+2，以此类推。当最左边的人再次报数之后，报数方向又变成从左到右，以此类推。

为了避免游戏太无聊，报数时有一个特例：如果应该报的数包含数字 7 或者是 7 的倍数，则用拍手代替报数。下表是 n=4 的报数情况（X 表示拍手）。当编号为 3 的人第 4 次拍手时，他实际上报到了 35。

站立序号	1	2	3	4
	1	2	3	4
	X	6	5	
		8	9	10
报名	13	12	11	
		X	15	16
	19	18	X	
		20	X	22

给定 n、m 和 k，计算编号为 m 的人第 k 次拍手时实际上报到了数字几。

【输入格式】

输入不超过10组数据。每组数据占一行，包含3个整数n、m和k($2\leqslant n\leqslant 100$, $1\leqslant m\leqslant n$, $1\leqslant k\leqslant 100$)。输入结束标志为$n=m=k=0$。

【输出格式】

对于每组数据，输出一行，即编号为m的人第k次拍手时实际上数到的那个整数。

【输入案例】

4 3 1

4 3 2

4 3 3

4 3 4

0 0 0

【输出案例】

17

21

27

35

练习2：猴子选大王

【题目描述】

有n只猴子按顺时针方向围成一圈选猴王(编号从1到n)，从第1号开始报数，一直数到m，数到m的猴子退出圈外。剩下的猴子再接着从1开始报数，就这样，直到圈内只剩下一只猴子时，这只猴子就是猴王。编程输入n和m，输出猴王的编号。

【输入格式】

每行是用空格分开的两个整数。第一个是n，第二个是m($0<m,n<300$)。最后一行是0 0。

【输出格式】

对于每行输入数据(最后一行除外)，输出数据也是一行，即猴王的编号。

【输入样例】

6 2

12 4

8 3

0 0

【输出样例】

5

1

7

第3章 枚举法

3.1 枚举法简介

枚举法又称暴力算法，是指逐个考查某类事件的所有可能情况，进而得出一般结论的方法。枚举法的思想是将问题所有可能的答案一一列举，然后根据条件判断此答案是否合适，保留合适的，舍弃不合适的。

枚举法比较直观，算法也很容易理解，但枚举法在实际使用中应该尽量减少变量的个数以及搜索的空间，这样算法的效率才能提高。

【案例解析】 百钱买百鸡

我国古代数学家张丘建在《算经》一书中曾提出过著名的“百钱买百鸡”问题，该问题的叙述如下：鸡翁一，值钱五；鸡母一，值钱三；鸡雏三，值钱一；百钱买百鸡，则翁、母、雏各几何？

本题的数据规模比较小，利用现代计算机的算法可以直接枚举，由于公鸡、母鸡和小鸡的数量都在0～100只，因此可以直接枚举整个空间。案例代码如下。

```
for(i=0;i<=100;i++)
    for(j=0;j<=100;j++ )
        for(k=0;k<=100;k++)
        {
            if(5*i+3*j+k/3==100 && k%3==0 && i+j+k==100)
            printf("公鸡%2d只,母鸡%2d只,小鸡%2d只\n",i,j,k);
        }
```

如果本题的已知条件不变，将数据规模变大，变成“万钱买万鸡”的问题，则请你计算一下总共有多少种买法。这时需要通过变换以减少搜索的空间。

本题中，有3个变量i、j、k，其实只要任何两个变量的值确定后，另一个变量的值就已经确定了。例如：i=1，j=2，这时k只能等于100－1－2＝97才满足要求，所以通过变量之间的关系就可以减少搜索空间。

通过分析可知，小鸡的变量k不需要搜索整个空间，因为要求k的值必须是3的倍数才能满足条件，这样就可以进一步减少搜索空间，于是“万钱买万鸡”的问题可以如下解决。

```
int count=0;
for(i=0;i<=10000;i++)
    for(k=0;k<=10000;k=k+3)
    {
        j=10000-i-k;
```

```
        if(j<0)continue;
        if(5*i+3*j+k/3==10000)
            count++;
    }
    printf("%d",count);
```

如果本题的规模进一步扩大到“百万钱买百万鸡”，那么利用上述算法就会超时，需要进一步缩小枚举的规模。

通过题目分析可知，要想用一定数量的钱买到同等数量的鸡，小鸡必不可少(因为只有有小鸡，数量才能达到平衡)，并且是3的倍数。通过分析可知，三只小鸡+一只母鸡=四只鸡，而这四只鸡是四文钱，刚好达到平衡。六只小鸡+一只公鸡=七只鸡，而这七只鸡刚好也是七文钱。也就是说，要想用一定数量的钱买到同等数量的鸡，只有这两种组合方式能达到平衡：

- 三只小鸡+一只母鸡…………①
- 六只小鸡+一只公鸡…………②

本问题就变成了求 $4x+7y=1000000$ 这个方程的解空间的数量(x 代表①组的数量，y 代表②组的数量)。这个方程中，4 是 1000000 的因子，7 是一个质数，很容易地就能得出解空间的规律为

x	y
250000	0
249993	4
249986	8
249979	12
249972	16
249965	20
…	

这个解空间，即母鸡组每次减少7组，公鸡组每次增加4组就可以达到平衡，所以程序可以进一步简化为

```
int count=0;
for(x=250000;x>=0;x=x-7)
    count++;
printf("%d",count);
```

进一步简化为

```
printf("%d",1000000/28+1);
```

这个式子请读者自己分析和思考一下。

通过本题可以看出，使用枚举法一方面是非常灵活的，另一方面，根据问题的规模需要探索不同的算法，这也是算法竞赛经常考查考生的地方，大家在后面的学习过程中要学会分析问题的规模。

在大多数算法竞赛测试平台上，每秒的操作次数约为1e7，在这个限制下，时间复杂度

一定的算法存在数据规模的处理上限。具体的时间复杂度和数据规模上限如下表所示。

时间复杂度	数据规模上限
logN	$>>10^{20}$
N	10^6
NlogN	10^5
N^2	1000
N^3	100
2^N	20
N!	9

3.2 等差素数数列(2017 年试题 B)

【问题描述】

2,3,5,7,11,13,…是素数数列。

类似地,7,37,67,97,127,157 这样完全由素数组成的等差数列称为等差素数数列。

上述数列的公差为 30,长度为 6。

2004 年,格林与陶哲轩合作证明了存在任意长度的等差素数数列。

这是数论领域的一项惊人成果!

有了这一理论作为基础,请你借助手中的计算机满怀信心地搜索：长度为 10 的等差素数列,其公差最小值是多少?

注意：需要提交一个整数,不要填写任何多余内容和说明文字。

【参考答案】

210

【解析】

本题是关于素数的题目,所以第一步就是要学会判断素数的算法。常用的素数判断算法有两种：一种是基于素数定义的枚举法,另一种是筛选法。

基于素数定义的枚举法的思想非常简单,要想判断 n 是否是素数,只需要从 2 到 n-1 枚举是否有数能够被 n 整除即可。该方法不再赘述,这里重点介绍筛选法。

(1) 筛选法

筛选法非常适合求一个整数区间中各数是否是素数的情况,并且区间越大,效率越高。筛选法据说是由古希腊的埃拉托斯特尼(Eratosthenes,约公元前 274—公元前 194 年)发明的,因此又称之为埃拉托斯特尼筛子。

具体做法是：先把 N 个自然数按次序排列起来,因为 1 不是质数,也不是合数,所以将 1 划去,从 2 开始。

2 3 4 5 6 7 8 9 10 11 12 13 14 15 16 17 18 19 20 21 22 … N

第二个数 2 是质数，保留下来，把 2 后面所有能被 2 整除的数都划去。

2 3 5 7 9 11 13 15 17 19 21 … N

这时，2 后面第一个没被划去的数是 3，把 3 留下，再把 3 后面所有能被 3 整除的数都划去。

2 3 5 7 11 13 17 19 … N

3 后面第一个没被划去的数是 5，把 5 留下，再把 5 后面所有能被 5 整除的数都划去。这样一直做下去，就会把不超过 N 的全部合数都筛掉，留下的数就是不超过 N 的全部质数。

因为希腊人是把数写在涂蜡的板上的，每划去一个数，就在上面记一个小点，寻求质数的工作完毕后，许多的小点就像一个筛子，所以就把埃拉托斯特尼的方法叫作“埃拉托斯特尼筛子”，简称“筛选法”。

(2) 程序的思路

当判断出 2～N 中的所有素数后，下面便可以采用暴力算法进行枚举。目前有 3 个不确定的变量：N 的范围、公差和素数序列的起始值。

N 的范围可以设定成一个常量，需要足够大，以便满足要找的序列。

公差和素数序列的起始值分别设定为两个变量，采用枚举法进行两层循环。循环过程中，判断是否有满足长度为 10 的等差素数列，如果有，则输出其公差，即是公差最小值。

【参考程序】

```
#include <iostream>
#include <cstring>
using namespace std;
const int N=10000;                    //判断范围
bool flag[N+1];                       //是否为素数
void Prime()                          //判断素数
{
    memset(flag, true, sizeof(flag));
    for(int i=2;i<=N/2;i++)
        if(flag[i])
            for(int j=i+i;j<=N;j+=i)
                flag[j]=false;
}
bool ok(int n,int cha)                //是否满足条件
{
    for(int i=0;i<10;i++)
        if(!flag[n+i * cha])
            return 0;
    return 1;
}
int main()
{
    Prime();
    for(int cha=2;;cha++)
        for(int i=2;i<N;i++)
```

```
        {
            if(flag[i]&&ok(i,cha))
            {
                cout<<cha<<endl;
                return 0;
            }
        }
    return 0;
}
```

3.3 乘积尾零(2018年试题C)

如下10行数据,每行有10个整数,请你求出它们的乘积的末尾有多少个0?

5650 4542 3554 473 946 4114 3871 9073 90 4329
2758 7949 6113 56595245 7432 3051 4434 6704 3594
9937 1173 6866 3397 4759 7557 3070 2287 1453 9899
1486 5722 3135 1170 4014 5510 5120 729 2880 9019
2049 698 4582 4346 4427 646 9742 7340 1230 7683
5693 7015 6887 7381 4172 4341 2909 2027 7355 5649
6701 6645 1671 5978 2704 9926 295 3125 3878 6785
2066 4247 4800 1578 6652 4616 1113 6205 3264 2915
3966 5291 2904 1285 2193 1428 2265 8730 9436 7074
689 5510 8243 6114 337 4096 8199 7313 3685 211

注意:需要提交一个整数,表示末尾0的个数,不要填写任何多余内容。

【参考答案】

31

【解析】

本题的数据量不是很大,可以直接采用枚举法。

1. 枚举法

由于所有数据相乘,其结果已经超出了整数范围,因此主要采用以下两个解决方法。

(1) 边计算边统计0的个数

例如:5650×4542=25662300,为了降低结果的位数,可以统计该数已经有2个0,统计之后,该数也就变成了256623。

(2) 对数据的高位进行取模运算

对于数据相乘,结果是否有0主要取决于数据的低位部分,例如:5650×4542=25662300,结果有2个0,而如果取这两个乘数的低2位,也就是50×42=2100,虽然结果不同,但并不影响结果中0的个数。本题中的最大数据都是4位数,两数相乘之后的最大数据不会超过9位数,所以本题可以直接对结果进行取100000000的模,让结果始终保持在8位数即可。

2. 分解质因数法

对于所有数相乘,可以转换为将它们的因子相乘。要想让结果中有 0,即结果有 10 的因子,由于 10＝2×5,因此 10 是由 2 和 5 这两个因子相乘所得的。本题只要统计要相乘的数中 2 和 5 的个数,取其中 2 和 5 的最小个数即可。

【参考程序 1】

```
#include <iostream>
typedef long long ll;
using namespace std;
int main()
{
    ll result=1;
    int line,num,zero=0;
    scanf("%d",&line);
    for(int i=0;i<line;i++)
    {
        do
        {
            scanf("%d",&num);
            result=result*num;
            while((result%10)==0)
            {
                result=result/10;
                zero++;
            }
            result=result%100000000;
        }while((getchar())!='\n');
    }
    cout<<zero<<endl;
    return 0;
}
```

【参考程序 2】

```
#include <iostream>
using namespace std;
int main()
{
    int c2=0,c5=0;
    int line,num;
    scanf("%d",&line);
    for(int i=0;i<line;i++)
    {
        do
        {
            scanf("%d",&num);
```

```
            while(num%2==0)
            {
                c2++;
                num /= 2;
            }
            while(num%5==0)
            {
                c5++;
                num /= 5;
            }
        }while((getchar())!='\n');
    }
    cout<<min(c2,c5);
    return 0;
}
```

3.4 数的分解(2019 年试题 D)

【问题描述】

把 2019 分解成 3 个各不相同的正整数之和，并且要求每个正整数都不包含数字 2 和 4，请问一共有多少种不同的分解方法？

注意：交换 3 个整数的顺序（如 1000＋1001＋18 和 1001＋1000＋18）被视为同一种分解方法。

【答案提交】

这是一道结果填空题，考生只需要算出结果并提交即可。本题的结果为一个整数，在提交答案时只需要填写这个整数，填写多余内容将无法得分。

【参考答案】

40785

【解析】

本题可以枚举 3 个数字，但是如果 3 个数字都从 1 枚举到 2019，则程序会变得比较复杂，应主要解决以下两个问题。

① 三数之和要等于 2019。

② 解决重复情况。

对于①，要满足 i＋j＋k＝2019，其实 i 和 j 一旦确定，k 的值就已经确定了，所以利用该式，定义的 3 个变量可以变成 i、j、2019-i-j。

对于②，要想使 3 个数字不重复，则只需要将这 3 个数排序，保证排序后的序列是唯一的，即只要满足 i＜j＜2019-i-j 就可以保证序列不重复。

对于保证数字不包含 2 和 4 的问题，可以取出数字的各位，然后判断每位上的数字与 2 或 4 是否相等。

【参考程序】

```
#include <iostream>
using namespace std;
bool judge(int a)
{
    while(a!=0)
    {
        int t=a%10;
        if(t==2||t==4) return 0;
        a=a/10;
    }
    return 1;
}
int main()
{
    int sum=0;
    for (int i=1;i<2019/3+1;i++)
        if (judge(i))
            for (int j=i+1;j<2019-i-j;j++)
                if (judge(j))
                    if (judge(2019-i-j))
                        sum++;
    cout<<sum<<endl;
}
```

3.5 特别数之和(2019 年试题 F)

【问题描述】

小明对数位中含有 2、0、1、9 的数字很感兴趣(不包括前导 0),在 1～40 中,这样的数包括 1、2、9、10～32、39 和 40,共 28 个,它们的和是 574。请问在 1～n 中,所有这样的数的和是多少?

【输入格式】

输入一行,包含一个整数 n。

【输出格式】

输出一行,包含一个整数,表示满足条件的数的和。

【样例输入】

40

【样例输出】

574

【评测用例规模与约定】

对于 20%的评测用例,$1\leqslant n\leqslant 10$。

对于 50％的评测用例，1≤n≤100。

对于 80％的评测用例，1≤n≤1000。

对于所有评测用例，1≤n≤10000。

【解析】

本题的计算思路并不复杂，依次对 1～n 判断其是否包含 2、0、1、9 这四个数字即可，如果包含，则加入总和。

编写一个判断函数 judge()，输入一个数，依次判断其每个位上有无 2、0、1、9，有则返回 true，否则返回 false。

【参考程序】

```
#include<iostream>
using namespace std;

bool judge(int a)
{
    while(a)
    {
        if(a%10==2||a%10==0||a%10==1||a%10==9)
            return true;
        a/=10;
    }
    return false;
}
int main()
{
    int n;
    int sum=0;
    cin>>n;
    for(int i=1;i<=n;i++)
    {
        if(judge(i))
        sum+=i;
    }
    cout<<sum;
    return 0;
}
```

3.6 完全二叉树的权值(2019 年试题 G)

给定一棵包含 N 个节点的完全二叉树，树上的每个节点都有一个权值，按从上到下、从左到右的顺序依次是 $A_1, A_2, \cdots, A_N$，如下图所示。

现在，小明要把相同深度的节点的权值加到一起，他想知道哪个深度的节点权值之和最

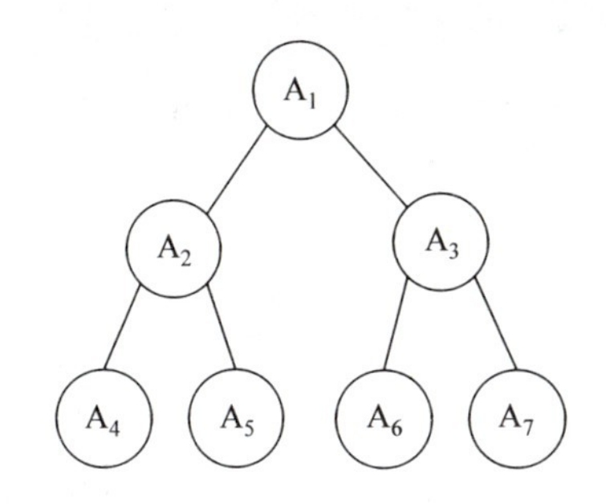

大。如果有多个深度的权值和同为最大，则输出其中最小的深度。

注意：根的深度是 1。

【输入格式】

第一行包含一个整数 N。

第二行包含 N 个整数 $A_1, A_2, \cdots, A_N$。

【输出格式】

输出一个整数，代表答案。

【样例输入】

```
7
1 6 5 4 3 2 1
```

【样例输出】

```
2
```

【评测用例规模与约定】

对于所有评测用例，$1 \leqslant N \leqslant 100000$，$-100000 \leqslant A_i \leqslant 100000$。

【解析】

本题并无特殊技巧，对每一层进行遍历并算出每层的权值，最后比较出最大值即可。需要注意二叉树的存储和数组下标的关系，以给出的数据为例。

数据的存储为

下标 i	1	2	3	4	5	6	7
A_i	1	6	5	4	3	2	1

二叉树的形式为

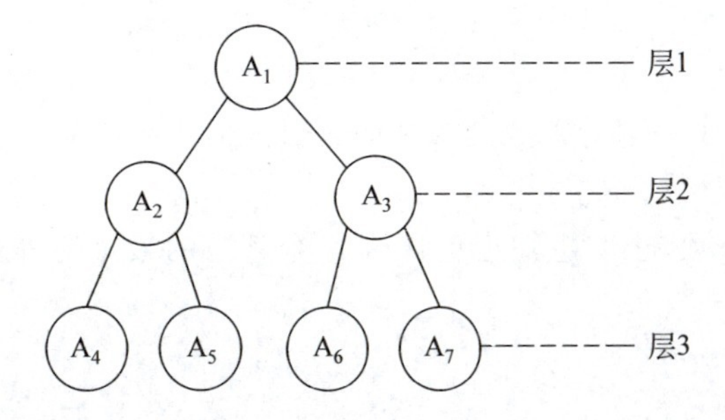

根据上图可以得出以下结论。

① 每层第一个元素的下标为 2^(n－1)，最后一个元素的下标是 2^n－1。

② 若元素的节点下标为 i，则其所在的层数为 $\log_2 i$。

【参考程序】

```
#include <iostream>
#include <math.h>
using namespace std;
const int N=100010;
long long a[N],maxsize=-0x3f3f3f;          //初始为负无穷大
int main()
{
    int n;
    cin >> n;
    for(int i=1;i<=n;i++)
        cin>>a[i];                          //a 数组存储的是每个节点的权值
    int res;
    for(int i=1;i<=n;i *=2)
    {
        long long s = 0;
        for(int j=i;j<=i * 2-1 && j<=n;j ++)
        {
            s+=a[j];
        }
        if(s>maxsize)
        {
            maxsize=s;
            res = (int)log2(i)+1;
        }
    }
    cout << res;
}
```

3.7 等差数列（2019 年试题 H）

【问题描述】

数学老师给小明出了一道等差数列求和的题目。但是粗心的小明忘记了其中一部分数列，只记得其中有 N 个整数。

现在给出这 N 个整数，小明想知道包含这 N 个整数的最短的等差数列有几项？

【输入格式】

第一行包含一个整数 N。

第二行包含 N 个整数 $A_1, A_2, \cdots, A_N$。（注意：$A_1 \sim A_N$ 并不一定是按等差数列中的顺序给出的）。

【输出格式】

输出一个整数,表示答案。

【样例输入】

5

2 6 4 10 20

【样例输出】

10

【样例说明】

包含 2、6、4、10、20 的最短的等差数列是 2、4、6、8、10、12、14、16、18、20。

【评测用例规模与约定】

对于所有评测用例,$2 \leqslant N \leqslant 100000, 0 \leqslant A_i \leqslant 10^9$。

【解析】

本题的解题方法相对比较容易想到,首先对原始数列进行排序:

2 4 6 10 20

然后按顺序求出相邻两个数之间的公差:

2 2 4 10

接着求所有公差的最大公约数:

2

最后利用公差的项数公式进行计算:

$$n=\frac{末项-首项}{方差}+1$$

具体的程序实现可以采用以下两种方法:

① 自己编写函数;

② 调用 algorithm 标准库中的函数。

【参考程序 1】

```
#include<iostream>
using namespace std;
void bubble(int a[],int n)
{
    for(int i=0;i<n-1;i++)
        for(int j=0;j<n-1;j++)
        {
            if(a[j]>a[j+1])
            {
                int t=a[j];
                a[j]=a[j+1];
                a[j+1]=t;
            }
        }
}
int gcd(int m,int n)
```

```
{
    if(n==0)
        return m;
    else
        return gcd(n,m%n);
}
int main()
{
    int a[100005],b[100005];
    int n,d,i;
    cin>>n;
    for(i=0;i<n;i++)
        cin>>a[i];
    bubble(a,n);
    for(i=1;i<n;i++)
        b[i]=a[i]-a[i-1];
    d=gcd(b[1],b[2]);
    for(i=3;i<n;i++)
        d=gcd(d,b[i]);
    cout<<(a[n-1]-a[0])/d+1<<endl;
    return 0;
}
```

【参考程序 2】

```
#include<iostream>
#include<algorithm>
using namespace std;
int main()
{
    int a[100005],b[100005];
    int n,d,i;
    cin>>n;
    for(i=0;i<n;i++)
        cin>>a[i];
    sort(a,a+n);
    for(i=1;i<n;i++)
        b[i]=a[i]-a[i-1];
    d=__gcd(b[1],b[2]);
    for(i=3;i<n;i++)
        d=__gcd(d,b[i]);
    cout<<(a[n-1]-a[0])/d+1<<endl;
    return 0;
}
```

3.8 跑步训练(2020 年试题 A)

【问题描述】

小明要进行一个跑步训练。初始时,小明体力充沛,体力值计为 10000。小明跑步时每分钟损耗 600 体力值。小明休息时每分钟增加 300 体力值。体力值的损耗和增加都是均匀变化的。

小明打算跑一分钟,休息一分钟,再跑一分钟,再休息一分钟,如此循环。如果某个时刻小明的体力值变为 0,他就停止训练。

请问小明在多久后会停止训练。为了使答案为整数,请以秒为单位输出答案。答案中只填写数字,不填写单位。

【参考答案】

3880

【解析】

本题可以采用模拟法,不过需要注意两点:一是题目要求以秒为单位;二是体力值必须变为 0。所以本题的计算可以分为以下两部分。

① 体力值大于 600 时,可以持续 1 分钟的体力消耗,则模拟损耗 600 体力值,再增加 300 体力值,一共经过 120 秒,循环得到时间。

② 当体力值小于 600 且不为 0 时,每秒消耗 10 体力值,则剩余时间为体力值/10,直到体力值为 0。

【参考程序】

```
#include<stdio.h>
int main()
{
    int sum = 10000;
    int ans = 0;
    while(sum > 0){
        if(sum >= 600){
            sum -= 600;
            sum += 300;
            ans += 120;
        }
        else{
        ans += sum/10;
        sum = 0;
        }
    }
    printf("%d\n",ans);
    return 0;
}
```

3.9 合并检测（2020 年试题 C）

【问题描述】

某病毒最近在 A 国蔓延，为了尽快控制该病毒，A 国准备给大量民众进行病毒核酸检测。然而，用于检测的试剂盒紧缺。为了解决这一困难，科学家想了一个办法：合并检测。即将从多人（k 个）处采集的标本放到同一个试剂盒中进行检测。如果结果为阴性，则说明这 k 个人都是阴性，用一个试剂盒即可完成 k 个人的检测。如果结果为阳性，则说明其中至少有一个人为阳性，需要将这 k 个人的样本全部重新独立检测（从理论上看，如果检测前 k－1 个人都是阴性，则可以推断出第 k 个人是阳性，但是在实际操作中不会利用此推断，而是让 k 个人独立检测），加上最开始的合并检测，一共使用了 k＋1 个试剂盒完成了 k 个人的检测。A 国估计被测民众的感染率大概是 1％，且呈均匀分布。请问 k 取值多少最节省试剂盒？

【参考答案】

10

【解题思路】

本题相对比较抽象，可以采用简单的列数字的方法查看数字 k 的变化情况，如下表所示。

检测总人数 n	100	100	100	100	100	100
k 个人检测	1	2	5	10	20	50
感染率 p	0.01	0.01	0.01	0.01	0.01	0.01
总剂数 sum	100	50＋2	20＋5	10＋10	5＋20	2＋50

从上表中可以看出，总剂数 sum 的变化伴随着 k 的增长呈现由大到小，再由小变大的变化过程。因此，本题其实就是求在 k 增长的过程中 sum 是最小值时的 k 值。

理解了这个问题，就比较容易求解了，让 k 从 1 遍历到 100，根据公式求 sum 的最小值，如果存在最小值，则记录一个 k 的值。

【参考程序】

```
#include <stdio.h>
//n 为检测总人数，浮点数计算最小值更精确
const float n=10002.0f;
int main()
{
    int k;
    float p=0.01;
    float sum;
    float min=1000000;
    int mink;
```

```
    for(k=1;k<=100;k++)
    {
        sum=n/k+(n*k*p);
        if(sum<min){
            min=sum;
            mink=k;
        }
    }
    printf("%d",mink);
    return 0;
}
```

3.10 直线(2021 年试题 C)

【问题描述】

在平面直角坐标系中,两点可以确定一条直线。如果有多个点在同一条直线上,那么这些点中的任意两点确定的直线是同一条。

给定平面上 2×3 个整点$\{(x,y)|0\leqslant x<2,0\leqslant y<3,x\in Z,y\in Z\}$,即横坐标是 0~1(包含 0 和 1)之间的整数、纵坐标是 0~2(包含 0 和 2)之间的整数的点。这些点一共确定了 11 条不同的直线。

给定平面上 20×21 个整点$\{(x,y)|0\leqslant x<20,0\leqslant y<21,x\in Z,y\in Z\}$,即横坐标是 0~19(包含 0 和 19)之间的整数、纵坐标是 0~20(包含 0 和 20)之间的整数的点。请问这些点一共确定了多少条不同的直线?

【解析】

求解本题最容易想到的方法就是枚举和去重,要想枚举出所有直线,首先要解决直线的表示问题。

直线的表示方式有很多种,常见的有以下几种。

(1) 一般式

$$Ax+By+C=0$$

适用于所有直线的方程,其中,A、B 不能同时为 0。

(2) 点斜式

已知直线上的一点(x_1,y_1),并且直线的斜率 k 存在,则直线可表示为

$$y-y_1=k(x-x_1)$$

当 k 不存在时,直线可表示为 $x=x_1$。

(3) 斜截式

已知直线在 y 轴上的截距为 b,即经过点(0,b),斜率为 k,则直线可表示为

$$y=kx+b$$

该式是点斜式的简化。当 k 不存在时,直线可表示为 $x=x_1$。

(4) 两点式直线方程

已知直线经过点(x_1,y_1)和点(x_2,y_2)，且斜率存在，则直线可表示为

$$\frac{y-y_1}{y_1-y_2}=\frac{x-x_1}{x_1-x_2}$$

其中，利用直线方程(2)(3)(4)都要保证斜率 k 存在，所以利用方程(2)(3)(4)时要分情况计算。方程(1)适合所有直线，但有 3 个未知数 A、B、C，如果要直接计算，则需要 3 个点。由于两点决定一条直线，因此这里需要对方程(4)进行变形，变形过程如下。

$$\frac{y-y_1}{y_1-y_2}=\frac{x-x_1}{x_1-x_2}\Rightarrow(y-y_1)(x_1-x_2)=(x-x_1)(y_1-y_2)$$

$$\Rightarrow(x_1-x_2)\times y-y_1\times(x_1-x_2)=x\times(y_1-y_2)-x_1\times(y_1-y_2)$$

$$\Rightarrow(y_1-y_2)\times x+(x_2-x_1)\times y+(x_1\times y_2-x_2\times y_1)=0$$

通过该式可以由两点表示出 $Ax+By+C=0$ 方程，式中：

$$A=y_1-y_2,B=x_2-x_1,C=x_1\times y_2-x_2\times y_1$$

方程中的 A、B、C 一旦确定，该方程就可以确定了。

下面要解决如何存储 A、B、C 这三个变量的问题，本题采用 STL 中的 pair 类，该类只能表示两个整数对，要表示三个需要进行一次嵌套，即

<<int A,int B>,int C>

最后一个问题就是如何去重，可以自己编写去重算法，这里采用 STL 中的 set 集合，该集合可以实现自动去重。

还有一点要注意，那就是 A、B、C 的倍数问题，以下两个方程：

$$x+2y+3=0$$

$$2x+4y+6=0$$

其实是同一条直线，其 A、B、C 呈现倍数关系。所以为了解决这种情况，需要存入集合的是 A、B、C 的最简形式(1,2,3)。

【参考程序】

```
#include<iostream>
#include<set>
#include<vector>
#include<cmath>
using namespace std;
const int INF = 0x3f3f3f3f;
typedef pair<int,int> PII;
typedef pair<PII,int> PIII;
set<PIII> s;
vector<PII>vec;

int gcd(int a,int b){
    if(b == 0) return a;
    return gcd(b, a % b);
}
int main(){
    int x,y;
```

```
    cin>>x>>y;

    for(int i = 0; i < x; i++)
        for(int j = 0; j < y; j++ )
            vec.push_back({i,j});

    for(int i = 0; i < vec.size(); i++){
        for(int j = i + 1; j < vec.size(); j++){
            int x1 = vec[i].first, y1 = vec[i].second;
            int x2 = vec[j].first, y2 = vec[j].second;
            int A = x2-x1, B = y1-y2, C = x1 * y2 - x2 * y1;
            int gcdd = gcd(gcd(A,B),C);
            s.insert({ { B / gcdd, A / gcdd }, C / gcdd });
        }
    }
    cout<<s.size();
    return 0;
}
```

3.11 货物摆放(2021年试题D)

【问题描述】

小蓝有一个超大的仓库,可以摆放很多货物。

现在,小蓝有n箱货物要摆放在仓库中,每箱货物都是规则的正方体。小蓝规定了长、宽、高三个互相垂直的方向,每箱货物的边都必须严格平行于长、宽、高。

小蓝希望所有货物最终摆放成一个大的立方体,即在长、宽、高的方向上分别堆L、W、H的货物,满足n=L×W×H。

给定n,请问有多少种堆放货物的方案满足要求?

例如,当n=4时,有以下6种方案:1×1×4、1×2×2、1×4×1、2×1×2、2×2×1、4×1×1。

请问,当n=2021041820210418(注意有16位数字)时,总共有多少种方案?

提示:建议使用计算机编程解决问题。

【答案提交】

这是一道结果填空题,考生只需要算出结果并提交即可。本题的结果为一个整数,在提交答案时只需要填写这个整数,填写多余内容将无法得分。

【题目解析】

本题根据题意,要满足n=x×y×z的所有情况,首先想到的就是枚举法,本题可分为以下两步。

(1) 找出n的所有因子

可以通过循环找出所有因子,要注意1和n也属于因子。这里可以采用一个数组存储所有因子。

（2）对所有因子进行暴力枚举

因为要满足 $n=x\times y\times z$，因此只需要利用三重循环进行枚举即可，符合条件的累加。

【参考程序】

```
#include <iostream>
using namespace std;
typedef long long LL;
LL a[100];
int main()
{
    LL n=2021041820210418;
    int len=0;
    for(LL i=1;i*i<=n;i++)
    {
        if(n%i==0)                          //i 是约数
        {
            a[len++]=i;                     //将约数放入数组
            if(n/i!=i)                      //n/i 也是约数
                a[len++]=n/i;
        }
    }
    int ans=0;
    for(int i=0;i<len;i++)
        for(int j=0;j<len;j++)
            for(int k=0;k<len;k++)
            if(a[i]*a[j]*a[k]==n) ans++;
    cout<<ans<<endl;
    return 0;
}
```

3.12 练 习 题

练习 1：生日蜡烛

【题目描述】

某君从某年开始每年都举办一次生日派对，并且每次都要吹熄与年龄相同根数的蜡烛。

现在算起来，他一共吹熄了 236 根蜡烛。

请问，他从多少岁开始举办生日派对的？

请填写他开始举办生日派对的年龄数。

练习 2：奖券数目

【题目描述】

有些人很迷信数字，例如带"4"的数字认为和"死"谐音，就觉得不吉利。

虽然这些说法纯属无稽之谈，但有时还是要迎合大众的需求。某抽奖活动的奖券号码是5位数(10000～99999)，要求其中不要出现带“4”的号码，主办单位请你帮忙计算一下，如果任何两张奖券不重号，最多可发出多少张奖券。

请提交该数字(一个整数)，不要写任何多余内容或说明性文字。

练习3：不定方程求解

【题目描述】

给定正整数a、b、c。求不定方程 $ax+by=c$ 关于未知数x和y的所有非负整数解组数。

【输入格式】

一行，包含3个正整数a、b、c，两个整数之间用单个空格隔开，每个数均不大于1000。

【输出格式】

一个整数，即不定方程的非负整数解组数。

【样例输入】

2 3 18

【样例输出】

4

练习4：选数

【题目描述】

已知n个整数 $x_1,x_2,\cdots,x_n$ 以及一个整数 $k(k<n)$。从n个整数中任选k个整数相加，可分别得到一系列的和。例如当 $n=4,k=3$ 时，4个整数分别为3,7,12,19时，可得全部的组合与它们的和为

3+7+12=22

3+7+19=29

7+12+19=38

3+12+19=34。

现在，要求你计算出和为素数的共有多少种情况。

例如上例，只有一种情况和为素数：3+7+19=29。

【输入格式】

输入两行。

第一行是两个整数，一个n，一个 $k(1\leqslant n\leqslant 20,k<n)$。

第二行是n个数，$x_1,x_2,\cdots,x_n(1\leqslant x_i\leqslant 5000000)$。

【输出格式】

一个整数(满足条件的种数)。

【输入样例】

4 3

3 7 12 19

【输出样例】

1

练习 5：火柴棍等式

【题目描述】

给你 n 根火柴棍，你可以拼出多少个形如"A＋B＝C"的等式？等式中的 A、B、C 是用火柴棍拼出的整数(若该数非 0，则最高位不能是 0)。用火柴棍拼数字 0～9 的拼法如下图所示。

注意：

① 加号与等号各自需要两根火柴棍；

② 如果 A≠B，则 A＋B＝C 与 B＋A＝C 视为不同的等式(A、B、C⩾0)；

③ n 根火柴棍必须全部用上。

【输入格式】

输入一个整数 n(n⩽24)。

【输出格式】

输出能拼成的不同等式的数目。

【输入样例 1】

14

【输出样例 1】

2

【输入样例 2】

18

【输出样例 2】

9

练习 6：比例简化

【题目描述】

在社交媒体上经常会看到针对某一个观点同意与否的民意调查以及结果。例如，对某一观点表示支持的有 1498 人，表示反对的有 902 人，那么赞同与反对的比例可以简单地记为 1498∶902。

不过，如果把调查结果以这种方式呈现出来，大多数人肯定不会满意。因为这个比例中的数值太大了，难以一眼看出它们的关系。对于上面这个例子，如果把比例记为 5∶3，虽然与真实结果有一定的误差，但依然能够较为准确地反映调查结果，同时也显得比较直观。

现给出支持人数为 A，反对人数为 B，以及一个上限 L，请你将 A∶B 化简为 A′∶B′，要求在 A′和 B′均不大于 L 且 A′和 B′互质(两个整数的最大公约数是 1)的前提下，A′/B′≥A/B 且 A′/B′−A/B 的值尽可能小。

【输入格式】

输入一行，包含 3 个整数 A、B、L，每两个整数之间用一个空格隔开，分别表示支持人数、反对人数以及上限。

【输出格式】

输出一行，包含 2 个整数 A′、B′，中间用一个空格隔开，表示化简后的比例。

【输入样例】

1498 902 10

【输出样例】

5 3

第4章　递推和递归

4.1　算法简介

递归和递推虽然叫法不同，但它们的基本思想是一致的。在很多程序中，这两种算法可以通用，不同的是，递推法更高效，递归法更方便阅读。

1. 递推法

递推法是一种重要的数学方法，同时也是计算机进行数值计算的一个重要算法。递推法的核心是找到计算前后过程之间的数量关系，即递推式。递推式往往根据已知条件和所求问题之间存在的某种相互联系推导得出。递推计算时，需要将复杂运算转换为若干步重复的简单运算，这样就可以充分发挥计算机擅于重复处理数据的特点。递推法避开了求通项公式的麻烦，把一个复杂问题的求解分解成了连续的若干步简单运算，可以将递推法看成一种特殊的迭代算法。

【案例解析】　铺方格

有 2×n 的一个长方形方格，用一个 1×2 的骨牌铺满方格。例如当 n=3 时为 2×3 方格，骨牌的铺放方案有 3 种，如图 4-1 所示。

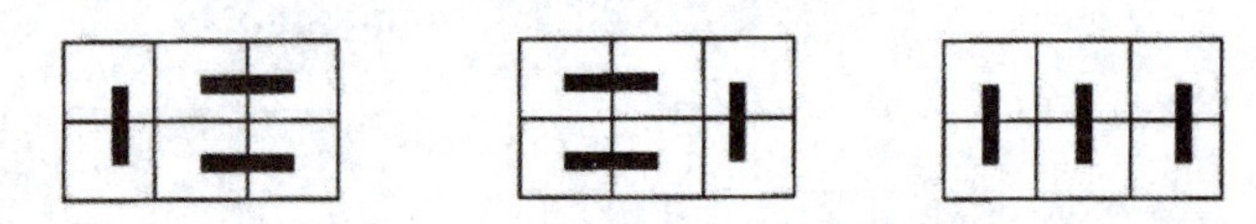

图 4-1　骨牌铺放方案(1)

编写一个程序，试对给出的任意一个 n(n>0) 输出铺法总数。

针对这个问题，要想直接获得问题的解答是相当困难的。可以用递推法，从简单到复杂逐步归纳出问题解的一般规律。分析过程如下。

当 n=1 时，只能有一种铺法，如图 4-2(a)所示，铺法总数为 $X_1=1$。

当 n=2 时，骨牌可以并列竖排，也可以并列横排，再无其他排列方法，如图 4-2(b)所示，铺法总数为 $X_2=2$。

当 n=3 时，骨牌可以全部竖排，也可以认为在方格中已经有一个竖排骨牌，需要在方格中排列两个横排骨牌(无重复方法)，若已经在方格中排列两个横排骨牌，则必须在方格中排列一个竖排骨牌，如图 4-2(c)所示，再无其他排列方法，铺法总数为 $X_3=3$。

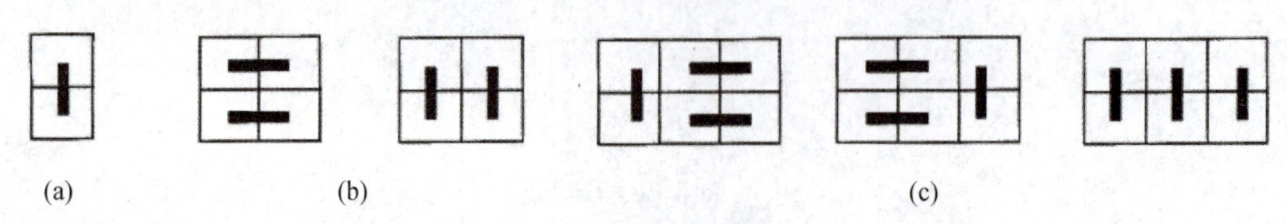

图 4-2　骨牌铺放方案(2)

由此可以看出，当 n=3 时，排列骨牌的方法数是 n=1 和 n=2 时排列方法数之和。

推出一般规律，对一般的 n，要求 X_n 可以这样考虑：若第一个骨牌是竖排列，则剩下 n-1 个骨牌需要排列，这时排列方法数为 X_{n-1}；若第一个骨牌是横排列，则整个方格至少有 2 个骨牌是横排列(1×2 骨牌)，因此剩下 n-2 个骨牌需要排列，这时排列方法数为 X_{n-2}。从第一种骨牌排列方法考虑，只有这两种可能，所以有

$X_n = X_{n-1} + X_{n-2} (n>2)$

$X_1 = 1$

$X_2 = 2$

$X_n = X_{n-1} + X_{n-2}$ 就是问题求解的递推公式。任意 n 都可以从中获得解答。

例如 n=5，

$X_3 = X_2 + X_1 = 3$

$X_4 = X_3 + X_2 = 5$

$X_5 = X_4 + X_3 = 8$

利用程序表示为

```
cin>>n;
a[1]=1;a[2]=2;
for(i=3;i<=n;i++)
    a[i]=a[i-1]+a[i-2];
cout<<a[n]<<" ";
```

2. 递归法

在计算机科学中，如果一个函数的实现中出现了对函数自身的调用语句，则称该函数为递归函数。

递推法可以用递归函数实现。一般来说，循环递推法比递归函数的速度更快，但递归函数的可读性更强。

例如，上述铺方格问题改写成递归函数的形式如下。

```
int pu(int n)
{
    if(n==1) return 1;
    if(n==2) return 2;
    return pu(n-1)+pu(n-2);
}
```

递归函数在它的函数体内直接或者间接地调用自身，每调用一次，就进入新的一层。递归函数必须有结束递归的条件。函数会一直递推，直到遇到结束条件返回。递归函数调用的一般过程如图 4-3 所示，这里以 n=6 为例。

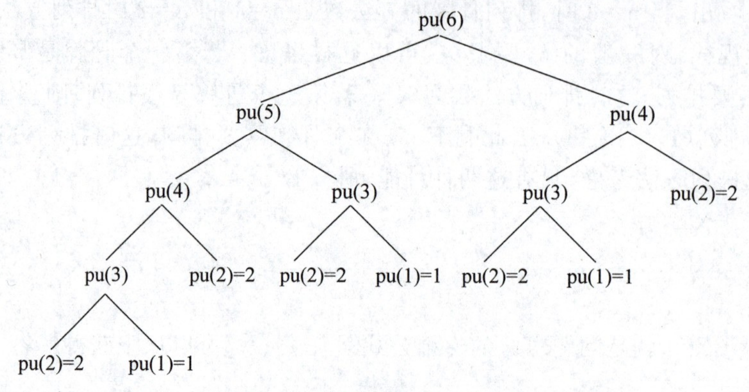

图 4-3 递归函数的调用过程

4.2 承压计算(2017 年试题 C)

【问题描述】

X 星球的高科技实验室中整齐地堆放着一批珍贵金属的原料。每块金属原料的外形和尺寸均完全一致,但重量不同。金属材料被严格地堆放成金字塔形。

```
                    7
                   5 8
                  7 8 8
                 9 2 7 2
                8 1 4 9 1
               8 1 8 8 4 1
              7 9 6 1 4 5 4
             5 6 5 5 6 9 5 6
            5 5 4 7 9 3 5 5 1
           7 5 7 9 7 4 7 3 3 1
          4 6 4 5 5 8 8 3 2 4 3
         1 1 3 3 1 6 6 5 5 4 4 2
        9 9 9 2 1 9 1 9 2 9 5 7 9
       4 3 3 7 7 9 3 6 1 3 8 8 3 7
      3 6 8 1 5 3 9 5 8 3 8 1 8 3 3
     8 3 2 3 3 5 5 8 5 4 2 8 6 7 6 9
    8 1 8 1 8 4 6 2 2 1 7 9 4 2 3 3 4
   2 8 4 2 2 9 9 2 8 3 4 9 6 3 9 4 6 9
  7 9 7 4 9 7 6 6 2 8 9 4 1 8 1 7 2 1 6
 9 2 8 6 4 2 7 9 5 4 1 2 5 1 7 3 9 8 3 3
5 2 1 6 7 9 3 2 8 9 5 5 6 6 6 2 1 8 7 9 9
```

6 7 1 8 8 7 5 3 6 5 4 7 3 4 6 7 8 1 3 2 7 4
2 2 6 3 5 3 4 9 2 4 5 7 6 6 3 2 7 2 4 8 5 5 4
7 4 4 5 8 3 3 8 1 8 6 3 2 1 6 2 6 4 6 3 8 2 9 6
1 2 4 1 3 3 5 3 4 9 6 3 8 6 5 9 1 5 3 2 6 8 8 5 3
2 2 7 9 3 3 2 8 6 9 8 4 4 9 5 8 2 6 3 4 8 4 9 3 8 8
7 7 7 9 7 5 2 7 9 2 5 1 9 2 6 5 3 9 3 5 7 3 5 4 2 8 9
7 7 6 6 8 7 5 5 8 2 4 7 7 4 7 2 6 9 2 1 8 2 9 8 5 7 3 6
5 9 4 5 5 7 5 5 6 3 5 3 9 5 8 9 5 4 1 2 6 1 4 3 5 3 2 4 1
XXXXXXXXXXXXXXXXXXXXXXXXXXXXXX

其中的数字代表金属原料的重量(计量单位较大)。最下面一层的 X 代表 30 台精度极高的电子秤。

假设每块原料的重量都十分精确地平均落在下方的两个金属块上，最后所有金属原料的重量都十分精确地平均落在最底层的电子秤上。电子秤的计量单位很小，所以显示的数字很大。工作人员发现，其中读数最小的电子秤的示数为 2086458231。请推算读数最大的电子秤的示数为多少?

注意：需要提交一个整数，不要填写任何多余内容。

【参考答案】

72665192664

【解析】

本题的解题思路不是很复杂，首先逐层计算压到下一层方块上的压力，直到计算到电子秤上的压力，然后找出最大的那个压力即可。这里需要解决以下四个问题。

(1) 数据的输入

本题的数据量比较大，利用文件读取的方法比较合适。将所有数据存储到文本文件中，利用文件重定向技术进行数据读取。

(2) 数据存储

数据存储可以利用二维数组，只需要对数据稍做变形即可，如下图所示。

7
5 8
7 8 8
9 2 7 2
…

(3) 承重的计算方法

通过推演，第 i 层的第 j 个方块的重量会平均分配到下一层的第 i+1 层的第 j 个方块以及第 i+1 层的第 j+1 个方块上，即

```
a[i+1][j]+=a[i][j]/2;
a[i+1][j+1]+=a[i][j]/2;
```

(4) 数据类型的选择

因为每层都要除以 2，所以最直接的方法就是利用 double 数据类型，但细想一下，利用

double 数据类型可能会出现问题，主要在于：第一层的数据经过层层分摊会越来越小，分摊到最后的第 29 层，精度就要达到 $1/2^{29}$，double 数据类型是达不到这个精度的。

最好的方法是即使分摊到最后一层，数据仍然是整数。所以采用逆向思维，将每层的数扩大为 2 的倍数，这样分摊到下面一层仍能够保证是整数。例如以下的四层结构，只考虑第一层的分摊，结果如左图所示，如果将数据整体扩大 2^3 倍，则结果如右图所示。

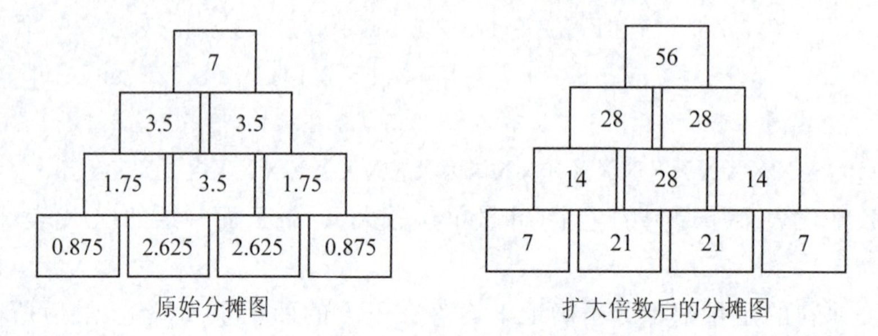

原始分摊图　　扩大倍数后的分摊图

这样，从最底层开始，每层扩大 2 倍，最高层就会扩大 2^{29} 倍，这个数没有超过 long long 类型，并且可以保证分摊后的每个数据都是整数。

【参考程序】

```
#include <iostream>
using namespace std;
long long a[30][30];
int main()
{
    freopen("jinzita.txt","r",stdin);
    int i,j;
    long long t;
    for(i=0;i<29;i++)
        for(j=0;j<=i;j++)
        {
            cin>>t;
            a[i][j]=t<<29;
        }
    for(i=0;i<29;i++)
        for(j=0;j<=i;j++)
        {
            a[i+1][j]+=a[i][j]/2;
            a[i+1][j+1]+=a[i][j]/2;
        }
    long long nmin=999999999999,nmax=0;
    for(i=0;i<=29;i++)
    {
        if(a[29][i]>nmax) nmax=a[29][i];
        if(a[29][i]<nmin) nmin=a[29][i];
    }
    cout<<nmin<<endl;
```

```
    cout<<nmax<<endl;
    return 0;
}
```

4.3　取数位(2017 年试题 E)

求一个整数的第 k 位数字有很多种方法，以下方法就是其中一种。

```
//求 x 用十进制表示时的数位长度
int len(int x){
  if(x<10) return 1;
  return len(x/10)+1;
}

//取 x 的第 k 位数字
int f(int x, int k){
  if(len(x)-k==0) return x%10;
  return ________________;                    //填空
}

int main()
{
  int x = 23574;
  printf("%d\n", f(x,3));
  return 0;
}
```

对于题目中的测试数据，应该打印 5。

请仔细分析源码，并补充画线部分缺少的代码。

注意：只提交缺失的代码，不要填写任何已有内容或说明性文字。

【参考答案】

f(x/10,k)

【解析】

本题有 3 个函数，阅读程序首先从 main 函数开始。main 函数中调用了 f 函数，而在 f 函数中调用了 len 函数。

首先要弄清楚 len 函数的功能，其功能是求 x 用十进制表示时的数位长度，然后要弄清楚 f 函数的功能，其功能是取 x 的第 k 位数字。

下面看 f 函数，首先是

```
if(len(x)-k==0) return x%10;
```

分析该语句可知，如果当前 x 的数位长度刚好等于 k，则直接对 10 求余。例如：要取 345 这个数的第三个数 5，而 345 恰好又是 3 位数，那么只需要进行 345%10 便可以得出正确答案。

毫无疑问，下面要填空的是：如果当前x的数位长度不等于k，该如何处理？举例说明：假如要取数字34567的第三位数字5，而此时经过测量发现数字34567的长度为5，这与要取的数位3不相等，这时需要把数字34567变短再测试，变短的方式是除以10，即34567/10＝3456，此时再比较，若发现还长，则继续变短，3456/10＝345，此时再比较，345的长度与3相等，则第3位上的数字为5。

此过程可以利用递归形式表示出来，即f(x/10,k)。

【参考程序】

```
#include<stdio.h>
int len(int x){
    if(x<10) return 1;
    return len(x/10)+1;
}

//取x的第k位数字
int f(int x, int k){
    if(len(x)-k==0) return x%10;
    return f(x/10,k);
}
int main()
{
    int x = 23574;
    printf("%d\n", f(x,3));
    return 0;
}
```

4.4 数列求值(2019年试题C)

【问题描述】

给定数列1,1,1,3,5,9,17,…，从第4项开始，每项都是前3项的和。求第20190324项的最后4位数字。

【答案提交】

这是一道结果填空题，考生只需要计算出结果并提交即可。本题的结果为一个4位整数(提示：答案的千位不为0)，在提交答案时只填写这个整数，填写多余内容将无法得分。

【参考答案】

4659

【题目解析】

该数列很容易让人想起斐波那契数列，可以采用计算斐波那契数列的递推法进行计算，递推公式为

$$a[i]=a[i-1]+a[i-2]+a[i-3]$$

但要注意一个问题，那就是由于 a[i]到后面会变得过大，从而超过 long long 所表示的范围，所以数组中只保留计算结果的后 4 位，这就需要在每次存放数据之前就对数据进行取余运算，只保留数据的后 4 位。

【参考程序】

```
#include<iostream>
using namespace std;
int dp[20190324];
int main()
{
    int i;
    dp[0]=dp[1]=dp[2]=1;
    for(i=3;i<20190324;i++)
        dp[i]=(dp[i-1]+dp[i-2]+dp[i-3])%10000;
    cout<<dp[i-1];
    return 0;
}
```

4.5 快速排序（2018 年试题 E）

【问题描述】

以下代码可以从数组 a[]中找出第 k 小的元素，它使用了类似快速排序中的分治算法，期望时间复杂度是 O(N)。

请仔细阅读分析源码，填写画线部分缺失的内容。

```
#include<iostream>
#include<stdlib.h>
using namespace std;
int quick_select(int a[], int left, int right, int k)
{
    int p = rand() % (right - left + 1) + left;        //rand()
    int x = a[p];
    {
        int t = a[p];
        a[p] = a[r];
        a[r] = t;
    }
    int i = left, j = right;
    while(i < j)
    {
        while(i < j && a[i] < x) i++;
        if(i < j)
```

```
            {
                a[j] = a[i];
                j--;
            }
            while(i < j && a[j] > x) j--;
            if(i < j)
            {
                a[i] = a[j];
                i++;
            }
        }
        a[i] = x;
        p = i;
        if(i - left + 1 == k) return a[i];
        if(i - left + 1 < k) return quick_select(________);
        else return quick_select(a, left, i - 1, k);
    }

    int main()
    {
        int a[] = {1, 4, 2, 8, 5, 7, 23, 58, 16, 27, 55, 13, 26, 24, 12};
        printf("%d\n", quick_select(a, 0, 14, 5));
        return 0;
    }
```

注意：只填写画线部分缺少的代码，不要抄写已经存在的代码或符号。

【答案】

a,i+1, right, k−i+left−1

【解析】

找第 K 小的元素利用的是快速排序的基本思想。首先随机选中一个中心轴数据，然后将比中心轴大的数据都放在其右边，比中心轴小的数据都放在其左边，如下图所示。从图中可以看到，中心轴左边一共有 4 个数据，右边有 3 个数据。如果要找的数据刚好是第 5 小(4+1)的，则找到；如果要找的数据是第 3 小(3<4+1)的，则在左边序列中寻找；如果要找的数据是第 7 小(7>4+1)的，则在右边序列中寻找。

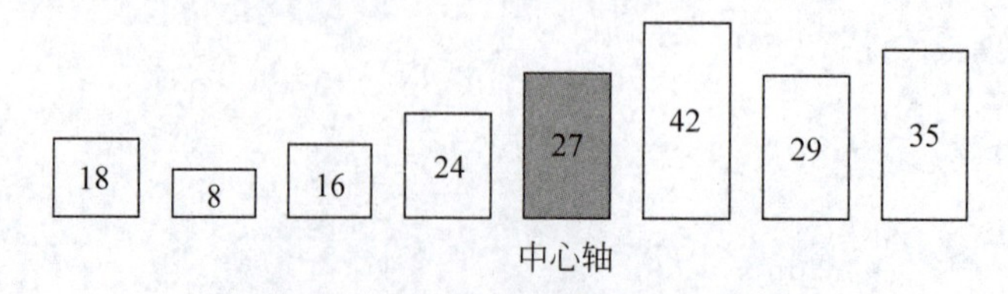

这里以本题的数据案例为例模拟程序的执行过程。

① 随机生成一个中心轴，假设 p=9。

```
x=a[9]=27;
```

② 将中心轴 27 和右指针交换位置。此步的意义在于给下面的每次交换腾出一个空间，不用担心中心轴没了，其值被保存于 x 中。

i	0	1	2	3	4	5	6	7	8	9	10	11	12	13	14
a[i]	1	4	2	8	5	7	23	58	16	27	55	13	26	24	12
a[i]	1	4	2	8	5	7	23	58	16	12	55	13	26	24	27

③ 从左往右移动指针 i，找到一个比中心轴 27 大的数，即 58，将 58 放到 j 指针指向的 14 的位置上。

i	0	1	2	3	4	5	6	7	8	9	10	11	12	13	14
a[i]	1	4	2	8	5	7	23	58	16	12	55	13	26	24	58

④ 从右往左移动 j 指针，找到一个比中心轴 27 小的数，即 24，将其移动到 i 指针指向的 7 的位置上。

i	0	1	2	3	4	5	6	7	8	9	10	11	12	13	14
a[i]	1	4	2	8	5	7	23	24	16	12	55	13	26	24	58

⑤ 重复第③步，从左向右移动指针 i，找到一个比中心轴 27 大的数，即 55，将 55 放到 j 指针指向的 13 的位置上。

i	0	1	2	3	4	5	6	7	8	9	10	11	12	13	14
a[i]	1	4	2	8	5	7	23	24	16	12	55	13	26	55	58

⑥ 重复第④步，从右往左移动 j 指针，找到一个比中心轴 27 小的数，即 26，将其移动到 i 指针指向的 10 的位置上。

i	0	1	2	3	4	5	6	7	8	9	10	11	12	13	14
a[i]	1	4	2	8	5	7	23	24	16	12	26	13	26	55	58

⑦ 重复第③步，从左往右找当发现 i=12 时，已经 i=j，所以跳出循环。将中心轴 x=27 插入 i=12 的位置。此时 i 的位置即是中心轴的位置，在 i 左边的数都比中心轴小，右边的数都比中心轴大。

i	0	1	2	3	4	5	6	7	8	9	10	11	12	13	14
a[i]	1	4	2	8	5	7	23	24	16	12	26	13	27	55	58

此时一趟快速排序已经结束，接下来要考虑如何寻找第 k 小的数。i−left 即是 i 在这个[left,right]区间中的第几个数。因为 k 是从 1 开始的，而 i 是从 0 开始的，所以判断的是 i−left 和 k−1，即 i−left+1 和 k 的关系。如果正好相等，则说明中心轴就是此数，直接返

回即可。如果大于k,则说明k在中心轴的左边,下一次就只在中心轴左边去找,就将a,left,i－1,k递归。反之,如果小于k,则说明k在中心轴的右边,下一次就只在中心轴的右边去找,执行a,i＋1,right,k－(i－left＋1)。

注意：在中心轴右边寻找时,第k小的数是[i＋1,right]这个区间中第k－(i－left＋1)个数。

【参考程序】

```
#include <iostream>
#include<stdlib.h>
using namespace std;
//左指针为 l,右指针为 r,找第 k 小的数
int quick_select(int a[], int left, int right, int k)
{
    int p=rand()%(right-left+1)+left;
    int x=a[p];
    {
        int t=a[p];
        a[p]=a[r];
        a[r]=t;
    }
    int i=left,j=right;                    //将左右指针记录下来
    while(i<j)
    {
        while(i<j && a[i]<x) i++;          //从左向右找出比 x 大的数
            if(i<j)
            {
                a[j]=a[i];
                j--;
            }
            while(i<j && a[j]>x) j--;      //从右向左找出比 x 小的数
        if(i < j)
            {
                a[i]=a[j];
                i++;
            }
    }
    a[i]=x;                                //跳出循环,把 x 补到 i 的位置上
    p=i;
    if(i-left+1==k)     return a[i];
    if(i-left+1<k)      return quick_select( a,i+1,right,k-(i-left+1));
    else     return quick_select(a, left, i - 1, k);
}

int main()
{
```

```
    int a[] = {1, 4, 2, 8, 5, 7, 23, 58, 16, 27, 55, 13, 26, 24, 12};
    printf("%d\n", quick_select(a, 0, 14, 5));
    return 0;
}
```

4.6　练　习　题

练习 1：组合数

【问题描述】

从 4 个人中选 2 个人参加活动，一共有 6 种选法。

从 n 个人中选 m 个人参加活动，一共有多少种选法？下面的函数实现了这个功能。

请仔细分析代码，填写缺少的部分(下画线部分)。

```
int f(int n, int m)
{
    if(m>n) return 0;
        if(m==0) _______;
    return f(n-1,m-1) + _______;
}
```

请仔细阅读分析源码，填写缺失部分的内容。

练习 2：李白打酒

【问题描述】

话说大诗人李白，一生好饮，幸好他从不开车。

一天，他提着酒壶从家里出来，酒壶中有酒 2 斗。他边走边唱：

无事街上走，提壶去打酒。

逢店加一倍，遇花喝一斗。

这一路上，他一共遇到店 5 次，遇到花 10 次，已知最后一次遇到的是花，他正好把酒喝光了。

请你计算李白遇到店和花的次序，可以把遇店记为 a，遇花记为 b，即 babaabbabbabbbb 就是合理的次序。像这样的答案一共有多少呢？请你计算出所有可能方案的个数(包含题目给出的)。

练习 3：组合数

【问题描述】

1～9 组成三个 3 位数，每个数字恰好使用一次，要求 3 个数的比满足 1∶2∶3，例如

192 384 576。

【输入格式】

无输入

【输出格式】

输出T行，每行3个数，表示符合要求的三个3位数。

【样例输出】

192 384 576

…

练习4：最大公约数

【问题描述】

给定两个正整数，求它们的最大公约数。

【输入格式】

输入一行，包含两个正整数(<1 000 000 000)。

【输出格式】

一个整数，两个正整数的最大公约数。

【输入样例】

6 9

【输出样例】

3

练习5：带分数

【问题描述】

100可以表示为带分数的形式，即100＝3＋69258/714，还可以表示为100＝82＋3546/197。

注意：带分数的形式中，数字1～9分别出现且只出现一次(不包含0)。

类似这样的带分数的形式，100有11种表示法。

【输入格式】

输入一个正整数N(N<1000×1000)。

【输出格式】

输出该数字用数码1～9不重复且不遗漏地组成带分数形式表示的全部种数。

注意：不要求输出每个表示，只统计有多少表示法。

【样例输入】

100

【样例输出】

11

【样例输入】

105

【样例输出】

6

练习6：八皇后问题

【问题描述】

会下国际象棋的人都很清楚：皇后可以在横、竖、斜线上不限步数地吃掉其他棋子。如何将8个皇后放在棋盘上(有8×8个方格)使它们谁也不能被吃掉。这就是著名的八皇后问题。

对于某个满足要求的8个皇后的摆放方法，定义一个皇后串a与之对应，即 $a=b_1b_2\cdots b_8$，其中，b_i 为相应摆法中第i行皇后所处的列数。已经知道八皇后问题一共有92组解(即92个不同的皇后串)。给出一个数b，要求输出第b个串。串的比较是：皇后串x置于皇后串y之前，当且仅当将x视为整数时比y小。

【输入格式】

第一行是测试数据的组数n，后面跟着n行输入。每组测试数据占一行，包括一个正整数b(1≤b≤92)。

【输出格式】

n行，每行输出对应一个输入。输出应是一个正整数，对应于b的皇后串。

【输入样例】

2

1

92

【输出样例】

15863724

84136275

第5章 贪心算法

5.1 贪心算法简介

贪心算法又称贪婪算法，利用贪心算法对问题求解时，总是做出在当前看来最好的选择。也就是说，贪心算法不从整体最优上加以考虑，它所做出的仅仅是某种意义上的局部最优解。

贪心算法没有固定的算法框架，该算法的设计关键是贪心策略的选择。贪心算法的基本思路如下。

① 建立数学模型以描述问题。

② 把求解的问题分成若干个子问题。

③ 对每个子问题进行求解，得到子问题的局部最优解。

④ 把子问题的局部最优解合成为原问题的一个解。

贪心算法不能保证求得的最后解是最优解，所以适用贪心策略的前提是：局部最优策略能产生全局最优解。

贪心算法的实现框架如下。

从问题的某一初始解出发：

```
while (朝给定总目标前进一步)
{
    利用可行的决策，求出可行解的一个解元素
}
由所有解元素组合成问题的一个可行解
```

【例题分析】

(1) 小明去超市购物，放到购物车中的食物如下表所示。但小明当前能够拎回的食物的最大重量 W＝15 斤，请问小明如何选择才能拎最多的食物回家？

食物	牛奶	面包	方便面	苹果	饼干	榴莲	西瓜
重量/斤	4.5	1	2	3.3	2.8	6.2	8.4

【分析】 要想得到最多的食物，采用的策略应该是每次都选择最轻的，然后从剩下的 n－1 件物品中继续选择最轻的。

具体的实现方法是：把 n 件物品从轻到重排序，然后根据贪心策略尽可能多地选出前 i 个物品，直到不能装下为止。按重量排序后的食物清单如下表所示。

食物	面包	方便面	饼干	苹果	牛奶	榴莲	西瓜
重量/斤	1	2	2.8	3.3	4.5	6.2	8.4

按照贪心策略，每次选择重量最小的食物放入(tmp 代表食物的重量，ans 代表已经装载的食物个数)。

i=0，排序后的第 1 个，装入重量 tmp=1，不超过拎重极限 15，ans=1。

i=1，排序后的第 2 个，装入重量 tmp=1+2=3，不超过拎重极限 15，ans=2。

i=2，排序后的第 3 个，装入重量 tmp=3+2.8=5.8，不超过拎重极限 15，ans=3。

i=3，排序后的第 4 个，装入重量 tmp=5.8+3.3=9.1，不超过拎重极限 15，ans=4。

i=4，排序后的第 5 个，装入重量 tmp=9.1+4.5=13.6，不超过拎重极限 15，ans=5。

i=5，排序后的第 6 个，装入重量 tmp=13.6+6.2=19.8，超过拎重极限 15，算法结束。

即能够拎回家的食物个数最大为 5 个。

```
float tw;                                   //tw:total weight 能够拎动的食物总重量
int n;                                      //购物车中食物的总数量
float weight[10];                           //每件食物的重量
int sum=0;                                  //能够装入的食物数量
int tmp=0;                                  //装入的食物重量
sort(weight+1,weight+1+n);                  //排序
for(int i=1;i<=n;++i)                       //贪心算法
{
    tmp+=weight[i];
    if(tmp<=tw)
        ++sum;
    else
        break;
}
```

(2) 小明认为一件食物价格越贵，其价值就越高。如果小明想拎回去所选购的食物中价值最高的食物，则小明应该怎么选择食物?

【案例】 已知阿呆装到购物车中的各个食物重量和价格，请问阿布如何装食物，才能把价格最高的食物拎回家。阿呆准备的拎回去的食物有以下几种。

食物	牛奶	面包	方便面	苹果	饼干	榴莲	西瓜
价格/元	18	3.0	7.8	15.8	8	99.2	20.2
重量/斤	4.5	1.0	2	3.3	2.5	6.2	8.4

【分析】 这是要改变原来的贪心策略，要想得到价格最高的食物，当然要优先选择价格最高的食物，但价格高的食物也可能很重，不如拎多个重量小的。这就要考虑价重比，即价格/重量，价重比越大，则该食物优先选择。

但还有一个问题：有些价重比高的食物可能由于阿呆所能拎重的受限而不能拎回去，但此时阿呆所能够拎回的重量还有剩余，则需要继续尝试，看看能否拎回其他食物。

具体的实现方法是：把 n 件食品按照价重比从大到小排序，然后根据贪心策略尽可能多地选出前 i 个物品，当 i+1 件食物装不下时，如果拎重还有剩余，则继续向下尝试，直到其他食物都无法装入为止。按价重比排序后的食物清单如下。

食物	榴莲	苹果	牛奶	方便面	饼干	面包	西瓜
价格/元	99.2	15.8	18	7.8	8	3.0	20.2
重量/斤	6.2	3.3	4.5	2	2.5	1.0	8.4
价重比	16.0	4.8	4.0	3.9	3.2	3.0	2.4

按照贪心策略，每次选择价重比最大的食物放入（tmp 代表食物的重量，ans 代表已经装载的食物价格）。

i＝0，装入第 1 件食物，重量 tmp＝6.2，不超过拎重极限 15，ans＝99.2。

i＝1，装入第 2 件食物，重量 tmp＝6.2＋3.3＝9.5，不超过拎重极限 15，ans＝99.2＋15.8＝115。

i＝2，装入第 3 件食物，重量 tmp＝9.5＋4.5＝14，不超过拎重极限 15，ans＝115＋18＝133。

i＝3，装入第 4 件食物，重量 tmp＝14＋2＝16，超过拎重极限 15，不能装入。

i＝4，装入第 5 件食物，重量 tmp＝14＋2.5＝16.5，超过拎重极限 15，不能装入。

i＝5，装入第 6 件食物，重量 tmp＝14＋1.0＝15，不超过拎重极限 15，ans＝133＋3＝136。

i＝6，装入第 7 件食物，重量 tmp＝15＋8.4＝23.4，超过拎重极限 15，不能装入。

即最大能够拎回家的食物价格是 136。

根据以上分析，具体的程序代码如下。

```
struct food
{
    float weight;                        //重量
    float price;                         //价格
    float pw;                            //价重比,price/weight
}w[10];
float tw=15;                             //tw:total weight 能够拎动的食物总重量
int n;                                   //购物车中食物的总数量
int sum=0;                               //能够装入的食物数量
float tmp=0.0;                           //装入的食物重量
sort(w+1,w+1+n,cmp);
for(int i=1;i<=n;++i)                    //贪心算法
{
    tmp+=w[i].weight;
    if(tmp<=tw)
        sum+=w[i].price;
    else
        tmp-=w[i].weight;
}
```

5.2 分巧克力(2017 年试题 I)

【题目描述】

儿童节那天有 K 位小朋友到小明家做客。小明拿出了珍藏的巧克力招待小朋友们。

小明一共有 N 块巧克力,其中,第 i 块是由 $H_i \times W_i$ 的方格组成的长方形。

为了公平起见,小明需要从这 N 块巧克力中切出 K 块巧克力分给小朋友们,切出的巧克力需要满足:

① 形状是正方形,边长是整数。

② 大小相同。

例如,一块 6×5 的巧克力可以切成 6 块 2×2 的巧克力或者 2 块 3×3 的巧克力。

当然,小朋友们都希望得到的巧克力尽可能大,你能帮小明计算出最大的边长是多少吗?

【输入格式】

第一行包含两个整数 N 和 K($1 \leqslant N, K \leqslant 100000$)。

以下 N 行每行包含两个整数 H_i 和 W_i($1 \leqslant H_i, W_i \leqslant 100000$)。

输入保证每位小朋友至少能获得一块 1×1 的巧克力。

【输出格式】

输出切出的正方形巧克力的最大边长。

【样例输入】

2 10

6 5

5 6

【样例输出】

2

【资源约定】

峰值内存消耗(含虚拟机)<256MB。

CPU 消耗<1000ms。

【解析】

本题采用二分法找到快速切分的方法。

二分法中,首先要确定二分的边界,本题的下边界比较容易,题中已经给出是 1,难点在于上边界的确定,最大的分割方法就是不做任何切割,所以只需要找出原始巧克力中的最大块就行了。

确定好二分的边界,定义最小值为 l,最大值为 r,则 mid=(l+r)/2。将区间[l, r]划分成[l, mid-1]和[mid, r]。将 mid×mid 大小的巧克力分给各个小朋友,每块巧克力都可以分成(Hi/mid)×(Wi/mid)块,若其和 s(一共可以分成的巧克力的块数)小于小朋友的个数,则不够分,那么将 r=mid-1,mid=(l+r)/2,用来减小 mid 大小以提高 s 的个数。若大于小朋友的个数，则成立。但每个小朋友都渴望分到最大的，所有可以将 l＝mid，mid＝(l＋r)/2 以增加 mid 的大小。

【参考程序】

```
#include <iostream>
using namespace std;
typedef long long LL;
const int N=100010;
int n, m;
int h[N], w[N];
int max(int a,int b)
{
    return a>b? a:b;
}
bool check(int mid)
{
    LL res = 0;                              //可以切出的矩形个数
    for (int i=0;i<n;i++)
    {
        res+=(LL)h[i]/mid*(w[i]/mid);
        if(res>=m) return true;
    }
    return false;
}
int main()
{
    int l=1,r=0;
    cin>>n>>m;
    for (int i=0; i<n;i++)
    {
        cin>>h[i]>>w[i];
        r=max(r,max(h[i],w[i]));
    }
    while (l<r)
    {
        int mid=l+r+1>>1;                    //为了防止死循环，计算 mid 时需要+1
        if (check(mid)) l=mid;
        else r=mid-1;
    }
    cout<<r;
    return 0;
}
```

5.3 递增三元组(2018 年试题 F)

【问题描述】

给定 3 个整数数组

A=[A1,A2,…,AN]

B=[B1,B2,…,BN]

C=[C1,C2,…,CN]

请统计有多少个三元组(i,j,k)满足:

① 1≤i、j,k≤N;

② Ai<Bj<Ck。

【输入格式】

第一行包含一个整数 N。

第二行包含 N 个整数 A1,A2,…,AN。

第三行包含 N 个整数 B1,B2,…,BN。

第四行包含 N 个整数 C1,C2,…,CN。

对于 30%的数据,1≤N≤100

对于 60%的数据,1≤N≤1000

对于所有数据,1≤N≤100000 0≤Ai、Bi、Ci≤100000

【输出格式】

一个整数,表示答案

【样例输入】

3

1 1 1

2 2 2

3 3 3

【样例输出】

27

【解析】

做本题时,首先考虑到的是暴力破解,但暴力破解使用了三重嵌套枚举,时间复杂度会达到 $O(n^3)$,而 N 达到 100000 时会严重超时。

```
for(i=1;i<=n;i++)
    for(j=1;j<=n;j++)
        for(k=1;k<=n;k++)
            if(a[i]<b[j] && b[j]<=c[k])
                cnt++;
```

对算法的改进方法之一是将 a[i]与 b[j]的大小比较以及 b[j]和 c[k]的大小比较分开统计,将统计的结果相乘即可。cnta 为 a 中小于 b[i]的个数,cnta * cntc 是求出在 b[i]处的递增三元组的个数，因为当 b[i]确定时，只要知道 a 中比 b 小的有多少个，c 中比 b 大的有多少个，然后将两个数相乘就可以得到 b[i]处的递增三元组的个数。这样需要对枚举的次序做出调整，时间复杂度会降低到 $O(n^2)$。

代码如下：

```
for(i=1;i<=n;i++)
{
    for(j=1;j<=n;j++)
    {
        if(a[j]<b[i]) cnta++;
        if(c[j]>b[i]) cntc++;
    }
    num+=cnta*cntc;
    cnta=0;
    cntc=0;
}
```

认真分析之后，统计一个数比一个序列大的数据数目，其本质可以转换成查找算法，那么最高效的就是二分查找法。当然，要想使用二分查找法，首先要对 3 个数组进行排序。

排序后即可开始使用二分法查找数组 a 中小于 b[i]的最大的一个 a[j]，求出数组 a 中小于 b[i]的个数 wa，因为当 a[j]<b[i]时，a[0]～a[j]一定是小于 b[i]的，例如：

当 b[i]=4 时，a[2]为数组 a 中小于 b[i]的最大的一个，那么 a[0]～a[2]一定都小于 b[i](数组 a 已排序完)。

a 中下标	0	1	**2**	3	4
值	1	2	**3**	4	5

查找数组 c 中第一个大于 b[i]的数，求出数组 c 中小于 b[i]的个数 wc，因为只要找到第一个大于 b[i]的数，那么它之后的数一定大于 b[i]，例如：

当 b[i]=2 时，c[2]为第一个大于 b[i]的数，那么 c[2]～c[4]一定都大于 b[i]。

c 中下标	0	1	**2**	3	4
值	1	2	**3**	4	5

wa×wc 就是在 b[i]中递增三元组的总个数。

【参考程序】

```
#include<iostream>
#include<algorithm>
using namespace std;
typedef long long LL;
int a[100000];
int b[100000];
int c[100000];
```

```
//查找数组 a 中小于 b[i]的最大的数的下标
int small(int n,int a[],int key)
{
    int left = 1, right = n;
    while(left<right)
    {
        int mid = (left + right + 1 ) / 2;  //防止死循环
        if(a[mid] < key) left = mid;
        else right = mid - 1;
    }
    return left;
}

//查找数组 c 中第一个大于 b[i]的数的下标
int big(int n,int c[],int key)
{
    int left = 1, right = n;
    while(left<right)
    {
        int mid = (left + right) / 2;
        if(c[mid] > key) right = mid ;
        else left = mid + 1;
    }
    return left;
}

int main()
{
    int n;
    cin>>n;
    for(int i = 1 ; i<=n ; i++) cin>>a[i];
    for(int i = 1 ; i<=n ; i++) cin>>b[i];
    for(int i = 1 ; i<=n ; i++) cin>>c[i];

    sort(a+1,a+n + 1);                    //排序
    sort(b+1,b+n + 1);
    sort(c+1,c+n + 1);

    LL count = 0;

    for(int i = 1 ; i<=n ; i++)           //枚举数组 b 即可
    {
        int key = b[i];
        LL wa = small(n,a,key);
        LL wc = big(n,c,key);
```

```
        if(a[wa] < key && c[wc] > key) count += wa * (n + 1 - wc);
    }
    cout<<count<<endl;
    return 0;
}
```

【程序优化】

上面的 small()函数和 big()函数可以化简为

```
wa = (lower_bound(a + 1, a + 1 + n, b[i]) - a) - 1;
```

"－a"是指算出所求的数的下标，因为 a 是首地址。

```
wc = n - (upper_bound(c + 1, c + 1 + n, b[i]) - c) + 1;
```

lower_bound(起始地址，结束地址，要查找的数值) 返回的是数值第一次出现的地址。

upper_bound(起始地址，结束地址，要查找的数值) 返回的是第一个大于待查找数值的数出现的地址。

【算法优化】

在二分查找过后，还可以考虑用双指针算法对程序进行优化。

下标	1	2	3	4	5	6
值	1	2	3	4	5	6

```
wa=1; wc=1;
for(int i = 1; i <= n; ++i)
{
    int key = b[i];
    while(wa<=n && a[wa]<key)
        wa++;                              //统计比 key 小的数的个数
    while(wc<=n && c[wc]<=key)
        wc++;                              //统计小于或等于 key 的数的个数
    count+=(LL)(wa-1) * (n-wc+1);
}
```

5.4 乘积最大(2018 年试题 J)

【题目描述】

给定 N 个整数 A_1，A_2，… A_N。请你从中选出 K 个数，使其乘积最大。

请你求出最大的乘积，由于乘积可能超出整型范围，因此只需输出乘积除以 1000000009 的余数。

注意：如果 X<0，则定义 X 除以 1000000009 的余数是－X 除以 1000000009 的余数，即 0－((0－x) % 1000000009)。

【输入格式】

第一行包含两个整数 N 和 K。

以下 N 行每行包含一个整数 A_i。

【输出格式】

一个整数，表示答案。

【输入样例 1】

```
5 3
-100000
-10000
2
100000
10000
```

【输出样例 1】

```
999100009
```

【输入样例 2】

```
5 3
-100000
-100000
-2
-100000
-100000
```

【输出样例 2】

```
-999999829
```

【评测用例规模与约定】

对于 40％的数据，$1 \leqslant K \leqslant N \leqslant 100$。

对于 60％的数据，$1 \leqslant K \leqslant 1000$。

对于所有数据，$1 \leqslant K \leqslant N \leqslant 100000$，$-100000 \leqslant A_i \leqslant 100000$。

【解析】

本题需要分情况讨论，整体思路如下。

(1) $k=n$

所有数字全部都选。

(2) $k<n$

在该情况下，需要进一步讨论。

① k 是偶数

对于 k 是偶数的情况，选出来的结果一定是非负数（负负得正），那么

- 若负数的个数是偶数，负负得正，那么一定是非负数。
- 若负数的个数是奇数，那么就只选择偶数个绝对值最大的负数。

② k 是奇数

对于 k 是奇数的情况，有以下两种情况。

- 如果所有数字都是负数，那么选出来的结果也一定都是负数。
- 否则一定至少有一个非负数，将最大的数取出来，此时要选的个数是 k－－，k－－是偶数，因此又转换为 k－－是偶数的情况进行思考。
- 当全是负数且取的位数为奇数时，需有一个符号位取较小的负数合，例如：

左指针				右指针
l				r
－5	－4	－3	－2	－1
取奇数个	k＝3	k＝2	sign＝－1	k＝0
	res＝－1	res＝－1＊(－2)＊(－3)		

本题采用双指针的思想，左右指针同时取对，选择更大的一对乘到结果中去。

【参考程序】

```
#include<iostream>
#include<stdio.h>
#include<algorithm>
using namespace std;
typedef long long LL ;
const int N = 100010, mod = 1000000009 ;
int a[N];
int main()
{
    int n,k ;
    cin>>n>>k
    for(int i=0;i<n;i++) scanf("%d",&a[i]);
    sort(a,a+n);
    LL res=1 ;                                      //乘积初始化
    int l=0,r=n-1;                                  //双指针初始化
    int sign=1;                                     //符号初始化

    if(k%2)
    {
        res=a[r];                                   //取出最大的一个数
        r--;                                        //右指针移动
        k--;                                        //个数减 1
        //如果最大值都是负数,则证明全是负数,因此符号要发生改变
        if(res<0) sign=-1;      }
    while(k)                                        //双指针做法
    {
        LL x=(LL)a[l]*a[l+1],y=(LL)a[r]*a[r-1];  //两边同时取对
        //选择更大的一对
        if(x*sign>y*sign)
        {
```

```
            res=x%mod*res%mod;
            l+=2;                                    //指针移动
        }
        else
        {
            res=y%mod*res%mod;
            r-=2;
        }
        k-=2;
    }
    cout<<res<<endl
    return 0;
}
```

5.5 后缀表达式(2019 年试题 I)

【问题描述】

给定 N 个加号、M 个减号以及 N+M+1 个整数 $A_1,A_2,\cdots,A_{N+M+1}$,小明想知道在所有由这 N 个加号、M 个减号以及 N+M+1 个整数凑出来的合法的后缀表达式中,结果最大的是哪一个?请你输出这个最大结果。例如,使用"1 2 3 + -",则"2 3 + 1 -"这个后缀表达式的结果是 4,是最大的。

【输入格式】

第一行包含两个整数 N 和 M。

第二行包含 N+M+1 个整数 $A_1,A_2,\cdots,A_{N+M+1}$。

【输出格式】

输出一个整数,代表答案。

【样例输入】

1 1

1 2 3

【样例输出】

4

【评测用例规模与约定】

对于所有评测用例,$0\leqslant N,M\leqslant 100000$,$-10^9\leqslant Ai\leqslant 10^9$。

【题目解析】

要想解决这个问题,首先要搞清楚什么是后缀表达式。

1) 三种表达式形式

四则运算表达式一共有前缀表达式、中缀表达式和后缀表达式三种形式,用于表达式求值。

中缀表达式是常见的运算表达式,例如"1+((2+3)×4)-5"(以下两个列举均基于该式)。

前缀表达式又称波兰式，前缀表达式的运算符位于操作数之前，例如“－ ＋ 1 × ＋ 2 3 4 5”。

本题中的后缀表达式又称逆波兰表达式，与前缀表达式相似，只是运算符位于操作数之后，例如“1 2 3 ＋ 4 × ＋ 5 －”。

由此可见，前、中、后缀的转换不影响运算符的个数和种类。

为什么会派生出这两种表达式呢？因为中缀表达式对于计算机的检索而言不够方便，波兰逻辑学家卢卡西维兹(Jan Lucasiewicz)提出了将运算符放在运算项后面的逻辑表达式，即“逆波兰表达式”。采用这种表达式时，计算机只需要严格从左到右进行检索，不必考虑运算符的优先级，非常便于计算机的运算，所以表达式转换是常见操作。

下面介绍一种手工中缀转后缀的方法，以帮助读者理解后缀表达式。

2）中缀表达式转后缀表达式

原表达式：a * (b+c) * d。

步骤1：按照运算符的优先级给所有运算单位加括号。

((a * (b+c)) * d)

步骤2：把运算符号移动到对应括号的后面。

((a(b c)+) * d) *

步骤3：把括号去掉，即可得到后缀表达式。

a b c ＋ * d *

前缀表达式的转换方法与后缀表达式的方法类似，不同的是步骤2，需要将运算符号移动到对应括号的前面。

下面用一个例子“123＋4×＋5－”演示计算机如何应用后缀表达式计算结果。

① 依次从左向右检索，遇到数字时，入栈1、2、3，结果如下图1所示。

② 遇到“＋”时，弹出栈顶的两个数字3、2，相加得5并入栈，结果如下图2所示。

③ 遇到数字4时，入栈，结果如下图3所示。

④ 遇到“×”，弹出栈顶的两个数字4、5，相乘得20并入栈，结果如下图4所示。

⑤ 遇到“＋”时，弹出栈顶的两个数字20、21，相加得21并入栈，结果如下图5所示。

⑥ 遇到数字5时，入栈，结果如下图6所示。

⑦ 遇到“－”时，弹出栈顶的两个数字5、21，相减得16并入栈，结果如下图7所示。

⑧ 检索结束，得到结果16。

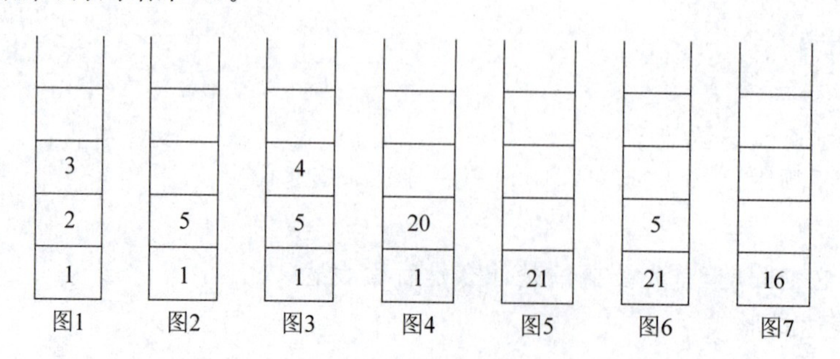

图1 图2 图3 图4 图5 图6 图7

3）贪心策略

回到本题，因为要求的是后缀表达式，而大家熟悉的是中缀表达式，所以需要利用中缀表达式的思想解决问题。求得该中缀表达式的最大值就等同于有了最大后缀表达式的值。

现在的问题是有 N 个加号、M 个减号、M+N+1 个整数,可加括号,求算式结果的最大值,下面给出贪心策略。

① 特殊情况

当 M=0 时,都是加号,其值为所有数之和。

② 一般情况

当有加号和减号时,贪心策略就把最大数加起来,把最小数减去。所以首先将所有数排序,取最大数 max 放在首项,取最小数 min 放在后面,给 min 加一个括号,在括号前面加一个负号"-",这样就得到了一个式子,形如:

max ________ -(min ________)

对于剩下的每个数,任意搭配"+"和"-"号,值为正则放在 max 的后面,值为负则放在 min 的后面。

【样例输入 1】

2 2

-5,9,12,-3,-10

【计算过程 1】

(1) 对数据排序

-10,-5,-3,9,12

针对排序结果,取数列的最大值和最小值组成表达式

12 ________ -(-10 ________)

(2) 依次处理后续数据

现在,剩下的数据还有-5、-3、9,剩下的符号还有-、+、+。

取数据"-5",取符号"-",组成表达式"-(-5)",其值为正,放在 max 的后面,表达式形如:12-(-5)________ -(-10 ________)。

取数据"-3",取符号"+",组成表达式"+(-3)",其值为负,放在 min 的后面,表达式形如:12-(-5)________ -(-10+(-3)________)。

取数据"+9",取符号"+",组成表达式"+(+9)",其值为正,放在 max 的后面,表达式形如:12-(-5)+9 ________ -(-10+(-3))。

数据取完,最后计算结果,表达式=12+5+9+10+3=39。

该题可以进一步简化,通过分析可以得出,其实表达式的值只与第一个负号(-)相关,而与其他负号的数量无关。

【样例输入 2】

3 1

-5,9,12,-3,-10

【计算过程 2】

(1) 对数据排序

-10,-5,-3,9,12

针对排序结果,取数列的最大值和最小值组成表达式

12 ________ -(-10 ________)

（2）依次处理后续数据

现在，剩下的数据还有－5、－3、9，剩下的符号还有：＋、＋、＋。

取数据“－5”，取符号“＋”，组成表达式“＋(－5)”，其值为负，放在 min 的后面，表达式形如：12 ________ －(－10＋(－5) ________)。

取数据“－3”，取符号“＋”，组成表达式“＋(－3)”，其值为负，放在 min 的后面，表达式形如：12 ________ －(－10＋(－5)＋(－3) ________)。

取数据“＋9”，取符号“＋”，组成表达式“＋(＋9)”，其值为正，放在 max 的后面，表达式形如：12＋9 ________ －(－10＋(－5)＋(－3))。

数据取完，最后计算结果，表达式＝12＋9＋10＋5＋3＝39。

4）贪心结论

通过上述案例可以得出结论：除了第一次构建的表达式 max－(min)之外，剩余数据都可以通过改变符号和位置将表达式的结果调整成正值并加入表达式中，所以整个后缀表达式的值可以表示为

max－min＋余下所有数的绝对值

【参考程序】

```
#include<iostream>
#include<algorithm>
using namespace std;
typedef long long LL;
const int MAXN=1e6;                                  //数组长度
int n,m,k;
LL a[MAXN];
int main()
{
    LL sum=0;
    cin>>n>>m;
    k=m+n+1;
    for(int i=1;i<k+1;i++)
        cin>>a[i];

    if(m==0)                                         //减号个数为 0
    {
        for(int i=1;i<k+1;i++)
            sum+=a[i];
        cout<<sum;
        return 0;
    } else{
        sort(a+1,a+k+1);                             //排序
        sum+=a[k];                                   //加上最大项
        sum-=a[1];                                   //减去最小项
        for(int i=2;i<k;i++)
            sum+=abs(a[i]);                          //加上剩余数的绝对值
```

```
        cout<<sum;
        return 0;

    }
    return 0;
}
```

5.6　练　习　题

练习 1：删数

【问题描述】

输入一个高精度的正整数 n,去掉其中任意 s 个数字后,将剩下的数字按原来的次序组成一个新的正整数。对给定的 n 和 s,编程寻找一种方案,使得剩下的数字组成的新数最小。

输出新的正整数(n 不超过 240 位)。

输入数据均不需要判错。

【输入格式】

输入两行,第一行为一个正整数 n,第二行为一个整数 s。

【输出格式】

输出一行一个数,表示最后剩下的最小数。

【输入样例】

175438

4

【输出样例】

13

练习 2：翻硬币

【题目描述】

小明正在玩“翻硬币”的游戏。桌上放着排成一排的若干硬币。我们用“*”表示正面,用“o”表示反面(是小写字母,不是零)。

例如,可能的情形是**oo***oooo

如果同时翻转左边的两个硬币,则变为 oooo***oooo。

现在的问题是：如果已知初始状态和要达到的目标状态,且每次只能同时翻转相邻的两个硬币,那么对于特定的局面,最少要翻动多少次呢?

我们约定：把翻动相邻的两个硬币叫作一步操作。

【输入格式】

两行等长的字符串,分别表示初始状态和要达到的目标状态,每行的长度小于 1000。

【输出格式】

一个整数，表示最小操作步数。

【样例输入】

*o**o***o***

*o***o**o***

【样例输出】

1

练习 3：分糖果

【题目描述】

有 n 个小朋友坐成一圈，每人有 a[i]个糖果。

每人只能给左右两边的人传递糖果。

每人每次传递一个糖果的代价为 1。

求使所有人获得均等糖果的最小代价。

【输入格式】

第一行输入一个正整数 n，表示小朋友的人数。

接下来的 n 行，每行一个整数 a[i]，表示第 i 个小朋友初始得到的糖果颗数。

【输出格式】

输出一个整数，表示最小代价。

【数据范围】

$1\leqslant n\leqslant 1000000, 0\leqslant a[i]\leqslant 2\times 10^9$，数据保证一定有解。

【样例输入】

4

1

2

5

4

【样例输出】

4

练习 4：推销员

【问题描述】

阿明是一名推销员，他奉命到螺丝街推销公司的产品。螺丝街是一条死胡同，出口与入口是同一个，街道的一侧是围墙，另一侧是住户。螺丝街一共有 N 家住户，第 i 家住户到入口的距离为 S_i 米。由于同一栋房子里可以有多家住户，所以可能有多家住户与入口的距离相等。阿明会从入口进入，依次向螺丝街的 X 家住户推销产品，然后再按原路走出去。阿明每走 1 米就会积累 1 点疲劳值，向第 i 家住户推销产品会积累 A_i 点疲劳值。阿明是工作狂，他想知道，对于不同的 X，在不走多余的路的前提下，他最多可以积累多少点疲劳值。

【输入格式】

第一行有一个正整数 N，表示螺丝街的住户数量。

接下来的一行有 N 个正整数，其中，第 i 个整数 S_i 表示第 i 家住户到入口的距离。数据保证 $S_1 \leqslant S_2 \leqslant \cdots \leqslant S_n < 10^8$。

接下来的一行有 N 个正整数，其中，第 i 个整数 A_i 表示向第 i 户住户推销产品会积累的疲劳值。数据保证 $A_i < 10^3$。

【输出格式】

输出 N 行，每行一个正整数，第 i 行的整数表示当 X=i 时，阿明最多积累的疲劳值。

【数据范围】

$1 \leqslant N \leqslant 10^5$

【样例输入】

```
5
1 2 3 4 5
1 2 3 4 5
```

【样例输出】

```
5
19
22
24
25
```

练习 5：排座位

【问题描述】

上课的时候总有一些同学会和前后左右的人交头接耳，这是令班主任十分头疼的一件事情。不过，班主任小雪发现了一些有趣的现象，当同学们的座次确定下来之后，只有有限的 D 对同学在上课时会交头接耳。同学们在教室中坐成了 M 行 N 列，坐在第 i 行第 j 列的同学的位置是(i,j)，为了方便同学们进出，教室中设置了 K 条横向的通道和 L 条纵向的通道。于是，聪明的小雪想到了一个办法，这或许可以减轻上课时学生交头接耳的问题：她打算重新摆放桌椅，改变同学们桌椅之间通道的位置，因为如果一条通道隔开了两个会交头接耳的同学，那么他们就不会交头接耳了。请你帮忙给小雪编写一个程序，给出最好的通道划分方案，在该方案下，上课时交头接耳的学生对数是最少的。

【输入格式】

输入的第一行有 5 个用空格隔开的整数，分别是 M、N、K、L、D。

接下来的 D 行，每行有 4 个用空格隔开的整数，第 i 行的 4 个整数 X_i、Y_i、P_i、Q_i 表示坐在位置 (X_i, Y_i) 与 (P_i, Q_i) 的两个同学会交头接耳（输入保证他们前后或者左右相邻）。

输入数据保证最优方案的唯一性。

【输出格式】

输出共两行。

第一行包含 K 个整数 $a_1,a_2,\cdots,a_K$，表示第 a_1 行和第 a_1+1 行之间、第 a_2 行和第 a_2+1 行之间、…、第 a_K 行和第 a_K+1 行之间要开辟通道，其中 $a_i<a_i+1$，每两个整数之间用空格隔开(行尾没有空格)。

第二行包含 L 个整数 $b_1,b_2,\cdots,b_L$，表示第 b_1 列和第 b_1+1 列之间、第 b_2 列和第 b_2+1 列之间、…、第 b_L 列和第 b_L+1 列之间要开辟通道，其中 $b_i<b_i+1$，每两个整数之间用空格隔开(行尾没有空格)。

【数据范围】

$2\leqslant N,M\leqslant 1000, 0\leqslant K<M, 0\leqslant L<N, D\leqslant 2000$。

【样例输入】

```
4 5 1 2 3
4 2 4 3
2 3 3 3
2 5 2 4
```

【样例输出】

```
2
2 4
```

练习 6：分纸牌

【问题描述】

有 N 堆纸牌，编号分别为 1,2,…,N。每堆上有若干张，但纸牌总数必为 N 的倍数。可以在任意一堆上取若干张纸牌，然后移动。移牌的规则为：从编号为 1 的堆上取的纸牌只能移到编号为 2 的堆上，从编号为 N 的堆上取的纸牌只能移到编号为 N−1 的堆上；从其他堆上取的纸牌可以移到相邻左边或右边的堆上。现在要求找出一种移动方法，可以用最少的移动次数使每堆上的纸牌数一样多。

例如 N=4，4 堆纸牌的数量分别为 9、8、17、6，移动 3 次即可达到目的。

① 从第 3 堆取 4 张牌放入第 4 堆，各堆纸牌的数量变为 9、8、13、10。

② 从第 3 堆取 3 张牌放入第 2 堆，各堆纸牌的数量变为 9、11、10、10。

③ 从第 2 堆取 1 张牌放入第 1 堆，各堆纸牌的数量变为 10、10、10、10。

【输入格式】

第一行包含整数 N。

第二行包含 N 个整数 $A_1,A_2,\cdots,A_N$，表示各堆的纸牌数量。

【输出格式】

输出使得所有堆的纸牌数量都相等所需的最少移动次数。

【数据范围】

$1\leqslant N\leqslant 100, 1\leqslant A_i\leqslant 10000$。

【样例输入】

4

9 8 17 6

【样例输出】

3

第6章 搜索算法

6.1 搜索算法简介

搜索算法常用于搜索图空间。最常见的图搜索算法有深度优先遍历(Depth First Search，DFS)与广度优先遍历(Breath First Search,BFS)两种。搜索算法被广泛用于拓扑排序、寻路(走迷宫)、搜索引擎、爬虫等应用上。

1. 深度优先搜索

深度优先搜索的基本思想是：从图中一个未访问的顶点V开始，沿着一条路一直走到底，然后从这条路尽头的节点回退到上一个节点，再从另一条路开始走到底，不断递归重复此过程，直到所有顶点都遍历完成，特点是“不撞南墙不回头”，先走完一条路，再换一条路继续走。

以图6-1为例，从顶点 V_0 出发访问 V_0，然后选择一个与 V_0 相邻且未被访问过的顶点 V_1 进行访问，再从 V_1 出发选择一个与 V_1 相邻且未被访问的顶点 V_4 进行访问，以此类推，直到图中所有顶点都被访问。如果当前被访问过的顶点的所有邻接顶点都已被访问，则退回已被访问的顶点序列中最后一个拥有未被访问的相邻顶点的顶点，从该顶点出发按同样的方法向前遍历。

访问顺序：$V_0 \to V_1 \to V_4 \to V_3 \to V_2$。

2. 广度优先搜索

广度优先搜索的基本思想是：从图中一个未遍历的节点出发，先遍历这个节点的相邻节点，再依次遍历每个相邻节点的相邻节点。

以图6-2为例，访问初始点 V_0，并将其标记为已访问，接着访问与 V_0 相邻的所有未被访问过的顶点 V_1 和 V_2，并标记已访问，然后按照 V_1、V_2 的次序访问每一个未被访问过的邻接点，并均标记为已访问，以此类推，直到图中所有顶点都被访问过为止。

访问顺序：$V_0 \to V_1 \to V_2 \to V_4 \to V_3$。

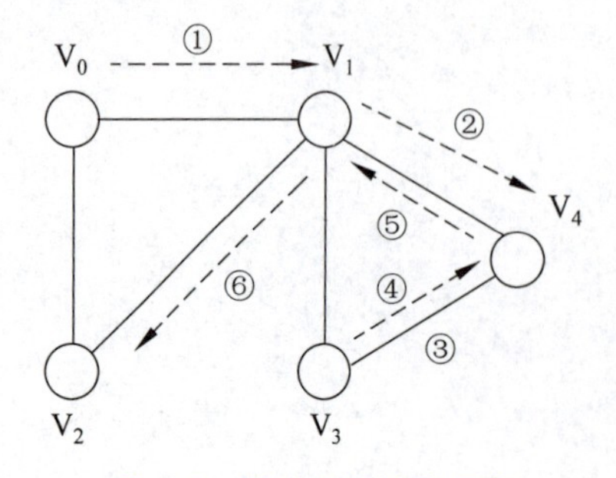

图6-1 深度优先搜索示意

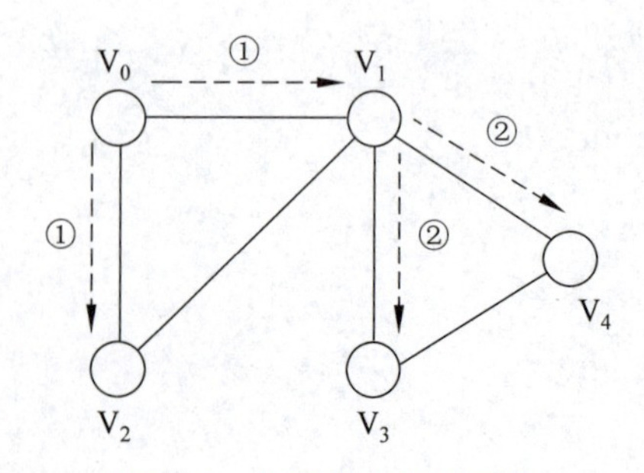

图6-2 广度优先搜索示意

3. 回溯算法

回溯搜索是深度优先搜索的一种，主要是指在搜索尝试过程中寻找问题的解，当不满足求解条件时就“回溯”返回，尝试其他路径。

(1) 回溯算法的实现框架

模式一：

```
int Search(int k)
{
  for (i=1;i<=算符种数;i++)                              //搜索
    if (满足条件)
    {
        保存结果
        if (到目的地) 输出解;
            else Search(k+1);
        恢复:保存结果之前的状态{回溯一步}
    }
}
```

模式二：

```
int Search(int k)
{
    if  (到目的地)
        输出解;
    else
        for (i=1;i<=算符种数;i++)                        //搜索
            if  (满足条件)
                {
                    保存结果;
                        Search(k+1);
                    恢复:保存结果之前的状态{回溯一步}  //回溯
                }
}
```

(2) 例题分析

例题：已知一个迷宫及其入口和出口，现在从迷宫的入口出发，查看是否存在一条路径。如果存在，则输出 YES，否则输出 NO。

解析：计算机走迷宫时可以利用试探和回溯的方法，即从入口出发，沿某一方向向前探索，若能走通，则继续向前走；否则沿原路退回，换一个方向再继续探索，直至所有可能的通路都探索到为止；如果所有可能的通路都试探过，但还是不能走到终点，则说明该迷宫不存在从起点到终点的通道。

以图 6-3 为例介绍迷宫的具体走法。图 6-3 中的灰色部分代表墙体。

① 从入口进入迷宫之后，理论上有前、后、上、下四个方向可以走，这里以前、下、后、上四个方向为顺序进行迷宫的道路搜索。如果有路，则向前，否则按顺序向下一个方向进行搜索。图(a)是顺着向前的方向一直搜索，当向前方向不通时，则向下如图(b)所示搜索；若还

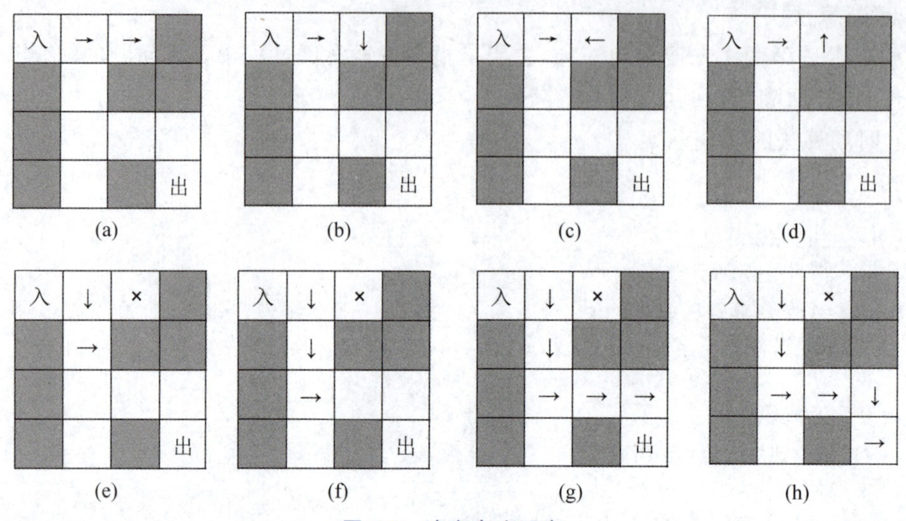

图 6-3 迷宫走法示意

不通，则向后搜索；若后面已经搜索过了(需要一个标志位，搜索过的标志为不通)，则继续向上搜索，如图(d)所示，发现仍然不通(这里需要对边界进行判断，对于超过边界的区域认为不通)。

总结：迷宫中一共有 3 种类型的路不通。

- 前方道路是墙体；
- 已经访问过的路径；
- 超出迷宫边界。

② 此时，搜索位置的四个方向都走不通，就需要退回前一个位置，称为回溯。当回到上一个位置后，由于原来是向前搜索的，结果不通，因此需要换一个方向搜索，现在向下搜索，此时是通路。在下一个位置继续按照前、下、后、上的顺序搜索，如图(e)所示。

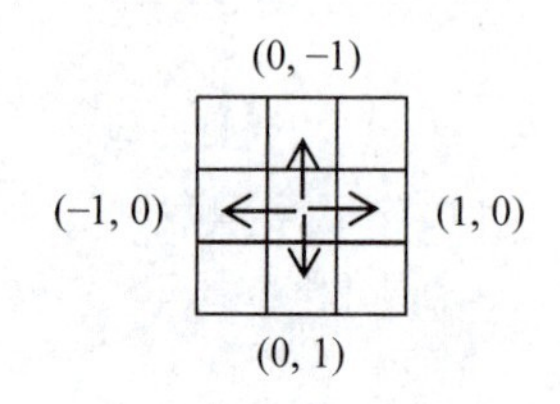

相对中心点坐标，周围 4 个方向的相对偏移量。

图 6-4 迷宫的数据表示图

③ 在图(e)的搜索位置上，向前不通，转向向下搜索，有路可通，则下移一格，如图(f)所示。

④ 继续向前搜索，有通路，如图(g)所示。

⑤ 发现向前搜索无通路，转向向下搜索，下移一格，到达出口，如图(h)所示。

迷宫的数据表示方法一般采用二维数组表示。至于数据类型，可以采用整型或者字符型表示，本题为了方便，采用了字符型。

```
string map[5]={"0000#",
               "0#0##",
               "#00##",
               "#0#00",
               "#0000"};
```

二维数组中，字符'0'表示通路，'#'表示墙体。

在迷宫中，从相对中心点向四个方向搜索的数据表示如图 6-4 所示。

下面利用两个数组 dx 和 dy 分别表示数据偏移量。

```
int dx[4]={1,0,-1,0};
int dy[4]={0,-1,0,1};
```

对这两个数组的顺序访问相当于分别向前、下、后、上进行搜索。

```
int x,y,x1,y1,nx,ny,n;
bool visited[100][100],flag=false;
int dfs(int x, int y)
{
    if(x==x1 && y==y1)                          //到达
    {
        cout<<"YES"<<endl;
        flag=true;
        return 1;
    }
    for(int i=0;i<4;++i)
    {
        nx=x+dx[i];                             //搜索四个方向
        ny=y+dy[i];
        //判断是否越界以及是否走过
        if(nx<0 || nx>=n || ny<0 || ny>=n)
            continue;
        if(!visited[nx][ny])
        {
            visited[nx][ny]=true;               //走过
            dfs(nx,ny);                         //否则从现在的点开始继续向下搜索
            if(x!=x|&&y!=y|)
            visited[nx][ny]=false;              //重新标记未走过
        }
    }
    return 0;
}
```

6.2 方格分割(2017 年试题 D)

【问题描述】

6x6 的方格,沿着格子的边线剪开成两部分,要求这两部分的形状完全相同。如下图所示,p1.png、p2.png、p3.png 就是可行的分割法。

试计算:包括这三种分法在内,一共有多少种不同的分割方法。

注意:旋转对称的图形属于同一种分割方法。

【参考答案】

509

p1.png

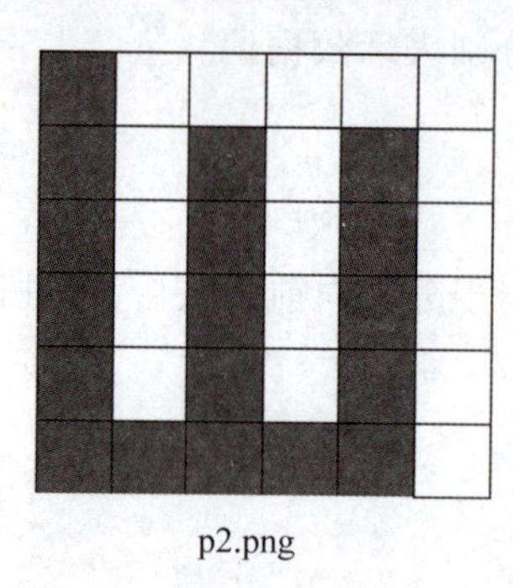
p2.png

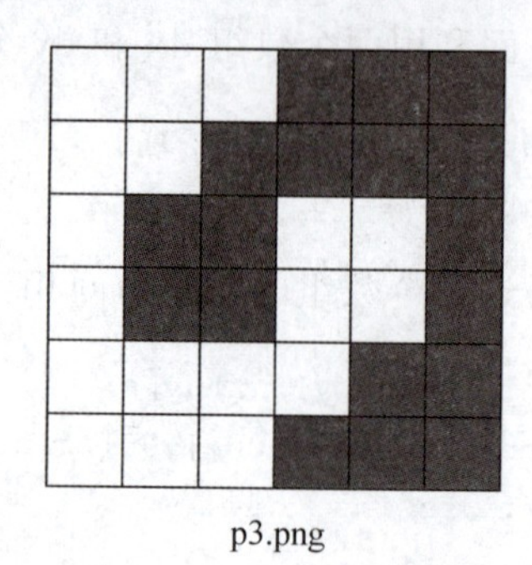
p3.png

【解析】

这是一道典型的深度优先搜索题目。但应从何处开始搜索呢？通过观察样例图案可以发现，如果把样例图案剪开，则会有且只有两个点在边界上，且一定经过中心点(3,3)。如果以中心点(3,3)为起点进行深搜，每搜索一个点，根据对称关系，再标记其对称点，该题就可以得到解决了。

具体的注意点有以下三个。

(1) 最后搜索结果

根据题意，由于旋转对称的图形属于同一种分割方法，因此最后要将得到的结果除以4，以解决四个顶点的对称性。

(2) 标记对称点

当搜索一个点时，必须要有一个对称点不能被搜索，即形状的另一个部分。如果搜索点的坐标是(x,y)，则根据中心对称，对称点的坐标是(6－x,6－y)。

(3) 搜索方向

可以向四个方向进行搜索：向右、向左、向上、向下，这里采用方向数组dx和dy表示。

```
int dx[4]={-1,1,0,0};
int dy[4]={0,0,-1,1};
```

【参考程序】

```
#include<iostream>
using namespace std;
int dx[]={-1,1,0,0};
int dy[]={0,0,-1,1};
const int N=6;
bool visited[N+1][N+1];
int ans=0;
void dfs(int x,int y)
{
    if(x==0||x==N||y==0||y==N)
    {
        ans++;
        return ;
    }
```

```
    for(int i=0;i<4;i++)
    {
        int nx=x+dx[i];
        int ny=y+dy[i];
        if(!visited[nx][ny])
        {
            visited[nx][ny]=true;
            visited[N-nx][N-ny]=true;
            dfs(nx,ny);
            visited[N-nx][N-ny]=false;
            visited[nx][ny]=false;
        }
    }
}
int main()
{
    visited[N/2][N/2]=true;
    dfs(N/2,N/2);
    cout<<ans/4;
    return 0;
}
```

6.3　组队(2019 年试题 A)

【问题描述】

作为篮球队教练,他需要从以下名单中选出 1 号位至 5 号位各一名球员组成球队的首发阵容。

每位球员担任 1 号位至 5 号位时的评分如下表所示。请计算首发阵容 1 号位至 5 号位的评分之和最大是多少?

编　　号	1 号位	2 号位	3 号位	4 号位	5 号位
1	97	90	0	0	0
2	92	85	96	0	0
3	0	0	0	0	93
4	0	0	0	80	86
5	89	83	97	0	0
6	82	86	0	0	0
7	0	0	0	87	90

续表

编　号	1号位	2号位	3号位	4号位	5号位
8	0	97	96	0	0
9	0	0	89	0	0
10	95	99	0	0	0
11	0	0	96	97	0
12	0	0	0	93	98
13	94	91	0	0	0
14	0	83	87	0	0
15	0	0	98	97	98
16	0	0	0	93	86
17	98	83	99	98	81
18	93	87	92	96	98
19	0	0	0	89	92
20	0	99	96	95	81

（如果把以上文字复制到文本文件中，请务必检查复制的内容是否与文档中的一致。在试题目录下有一个文件 team.txt，内容与上面表格中的相同，请注意第一列是编号）。

【答案提交】

这是一道结果填空题，考生只需要算出结果并提交即可。本题的结果为一个整数，在提交答案时只填写这个整数，填写多余内容将无法得分。

【解析】

本题是一道典型的 dfs 搜索题，每次对各号位的选手进行深度优先搜索，找到各号位上有成绩的选手时再进行进一步的搜索，要注意的是：如果 1 号位的选手已经入选，那么在接下来的号位中他将不再参选。需要考生定义 bool 类型的 vis 数组，以标定该选手的状态。由于题目要求找到一个最大的成绩和，因此本题涉及 bfs 的回溯算法，回溯时需要将 vis 对应编号选手的状态变为假。

【参考程序】

```
#include<iostream>
using namespace std;
int team[20][6];
int max_sum;
bool vis[20];
int max(int a,int b)
{
    return a>b?a:b;
}
void dfs(int u,int sum)
```

```
{
    if(u>5)
    {
        max_sum=max(max_sum,sum);
        return;
    }
    for(int i=0;i<20;i++)
        {
            if(!vis[i])
            {
                vis[i]=true;
                dfs(u+1,sum+team[i][u]);
                vis[i]=false;
            }
        }
}
int main()
{
    for(int i=0;i<20;i++)
        for(int j=0;j<6;j++)
            cin>>team[i][j];
    dfs(1,0);
    cout<<max_sum;
    return 0;
}
```

注：team.txt 的文本格式如下所示。

1 97 90 0 0 0

2 92 85 96 0 0

3 0 0 0 0 93

4 0 0 0 80 86

5 89 83 97 0 0

6 82 86 0 0 0

7 0 0 0 87 90

8 0 97 96 0 0

9 0 0 89 0 0

10 95 99 0 0 0

11 0 0 96 97 0

12 0 0 0 93 98

13 94 91 0 0 0

14 0 83 87 0 0

15 0 0 98 97 98

16 0 0 0 93 86

17 98 83 99 98 81
18 93 87 92 96 98
19 0 0 0 89 92
20 0 99 96 95 81

6.4 全球变暖（2018 年试题 I）

你有一张某海域 N×N 像素的照片，"."表示海洋，"#"表示陆地，如下所示。

```
.......
.##....
.##....
....##.
..####.
...###.
.......
```

其中，"上、下、左、右"四个方向上连在一起的一片陆地组成了一座岛屿。例如上图中就有两座岛屿。

全球变暖导致了海平面上升，科学家预测未来几十年中，岛屿边缘一个像素的范围内会被海水淹没。具体来说，如果一块陆地像素与海洋相邻（上下左右四个相邻像素中有海洋），则它就会被淹没。

例如上图中的海域未来会变成如下样子。

```
.......
.......
.......
.......
....#..
.......
.......
```

请你计算：依照科学家的预测，照片中有多少岛屿会被完全淹没。

【输入格式】

第一行包含一个整数 N(1≤N≤1000)。

以下 N 行 N 列代表一张海域照片。

照片保证第 1 行、第 1 列、第 N 行、第 N 列的像素都是海洋。

【输出格式】

一个整数，表示答案。

【输入样例】

7
....

```
. # # . . . .
. # # . . . .
. . . . # # .
. . # # # # .
. . . # # # .
. . . . . . .
```

【输出样例】

1

【解析】

本题应利用深度优先搜索求解。首先对全部地图进行查找，从找到的岛屿开始搜索。岛屿搜索的结果有两个：完全淹没和没有完全淹没。这里利用 flag 表示是否被完全淹没。

那么应该如何判断岛屿有没有完全淹没呢？

.	.	.	.	.
.	#	#	.	.
.	#	#	.	.
.	.	.	.	#
.	.	#	#	#

图 1　完全淹没案例

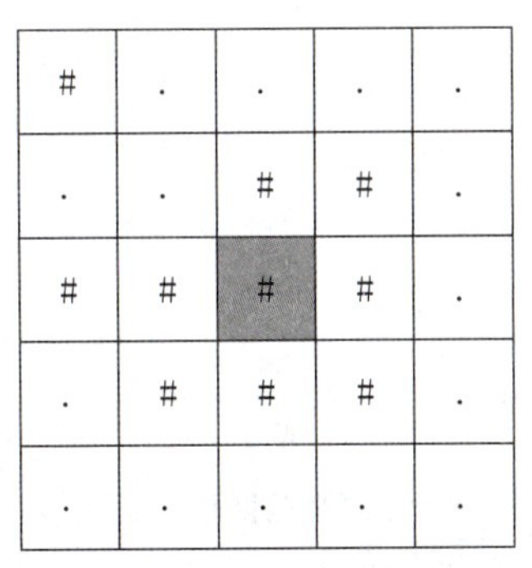

图 2　不完全淹没案例

遍历岛屿中所有陆地“#”的周围，统计其上、下、左、右四个邻域中陆地“#”的数量，如果小于 4，则周围有海洋，会被淹没；如果等于 4，则全是陆地，不会被淹没。如图 1 中的岛屿，其陆地中邻域是陆地的数量分别为 2、2、2、2；图 2 中，阴影区域的陆地其邻域是陆地的数量是 4，该陆地不会被淹没。

为了防止搜索过的区域被重复搜索，常用的方法有以下两种。

(1) 将搜索过的区域变成其他符号

可以将搜索过的区域由“#”变成“*”，这样即可区分该陆地是否被搜索过。

(2) 利用一个搜索数组标记

可以建立一个与地图一样大的搜索数组，如 bool visited[][]，通过该数组标记哪块区域被搜索过。

【参考程序】

```
#include<iostream>
using namespace std;
bool flag;                                  //标记岛屿是否淹没
char a[1010][1010];
int cnt=0;                                  //统计周围“#”的数量
int n;
```

```
int dx[4]= {1,-1,0,0};
int dy[4]={0,0,1,-1};                                    //从四个方向遍历数组
int ans=0;                                               //被淹没后的岛屿个数
int rans=0;                                              //未被淹没的岛屿的个数
void dfs(int x,int y)
{
    if(a[x][y]!='#')
        return;
    if(x>=n||x<0||y>=n||y<0)
        return;
    if(!flag)
    {
        cnt=0;
        for(int i=0;i<4;i++)
        {
            int nx=x+dx[i];
            int ny=y+dy[i];
            if(nx<n&&nx>=0&&ny<n&&ny>=0&&a[nx][ny]!='.')
            {
                cnt++;
            }
        }
        //四个方向都是陆地
        if(cnt==4)
        {
            ans++;
            flag=true;
        }
    }
    //把已经探索过的岛屿的内容标记成'*'
    a[x][y]='*';
    for(int i=0;i<4;i++)
    {
        int nx=x+dx[i];
        int ny=y+dy[i];
        dfs(nx,ny);
    }
}
int main()
{
    cin>>n;
    for(int i=0; i<n; i++)
        scanf("%s",a[i]);
    for(int i=0; i<n; i++)
    {
```

```
            for(int j=0; j<n; j++)
            {
                if(a[i][j]=='#')
                {
                    rans++;
                    flag=false;
                    dfs(i,j);
                }
            }
        }
        cout<<rans-ans<<endl;
        return 0;
    }
```

6.5 迷宫(2019 年试题 E)

【问题描述】

下图给出了一个迷宫的平面图,其中,标记为 1 的为障碍,标记为 0 的为可以通行的路径。

010000

000100

001001

110000

迷宫的入口为左上角,出口为右下角。在迷宫中,只能从一个位置走到其上、下、左、右四个方向之一。

对于上面的迷宫,从入口开始,可以按 DRRURRDDDR 的顺序通过迷宫,一共 10 步。其中,D、U、L、R 分别表示向下、向上、向左、向右走。对于下面这个更复杂的迷宫(30 行 50 列),请找出一种通过迷宫的方式,保证使用的步数最少,并在步数最少的前提下找出字典序最小的一个作为答案。

注意:在字典序中,D<L<R<U(如果把以下文字复制到文本文件中,请务必检查复制的内容是否与文档中的一致。在试题目录下有一个文件 maze.txt,其内容与下面的文本相同)。

01010101001011001001010110010110100100001000101010

00001000100000101010010000100000001001100110100101

01111011010010001000001101001011100011000000010000

01000000001010100011010000101000001010101011001011

00011111000000101000010010100010100000101100000000

11001000110101000010101100011010011010101011110111

00011011010101001001001010000001000101001110000000

```
10100000101000100110101010111110011000010000111010
00111000001010100001100010000001000101001100001001
11000110100001110010001001010101010101010001101000
00010000100100000101001010101110100010101010000101
11100100101001001000010000010101010100100100010100
00000010000000101011001111010001100000101010100011
10101010011100001000011000010110011110110100001000
10101010100001101010100101000010100000111011101001
10000000101100010000101100101101001011100000000100
10101001000000010100100001000100000100011110101001
00101001010101101001010100011010101101110000110101
11001010000100001100000010100101000001000111000010
00001000110000110101101000000100101001001000011101
10100101000101000000001110110010110101101010100001
00101000010000110101010000100010001001000100010101
10100001000110010001000010101001010101011111010010
00000100101000000110010100101001000001000000000010
11010000001001110111001001000011101001011011101000
00000110100010001000100000001000011101000000110011
10101000101000100010001111100010101001010000001000
10000010100101001010110000000100101010001011101000
00111100001000010000000110111000000001000000001011
10000001100111010111010001000110111010101101111000
```

【答案提交】

这是一道结果填空题，考生只需要算出结果并提交即可。本题的结果为一个字符串，包含 4 种字母 D、U、L、R，在提交答案时只需要填写这个字符串，填写多余内容将无法得分。

【解析】

本题求步数最少的迷宫路径，即求最短路线。利用 DFS 回溯较多，容易"爆栈"，所以本题使用 BFS 求最优解。本题在求解过程中需要注意以下几点。

（1）如何找出最小字典序

要想使字典序最小，在搜索过程中就要以字典序的方式进行搜索。也就是说，题目在定义搜索优先级上就以 DLRU 的顺序进行搜索。这个工作在程序的 next 数组中定义。

（2）如何记录搜索的路径

BFS 搜索一般是不记录路径的，为了记录路径和方向，需要设计一个结构体 route，具体如下。

```
struct route{
    int x,y;
    char dir;
    int f;
};
```

这里的 x 和 y 用来记录搜索点的(x,y)坐标;dir 用来记录搜索的方向字母,如 D、U 等;f 用来记录搜索点的父节点(father)。

通过记录节点的父节点,程序就可以找出一条完整的搜索路径。

(3) 路径的输出

由于程序记录的是路径的父节点,因此在最后需要逆向输出,如下图所示。

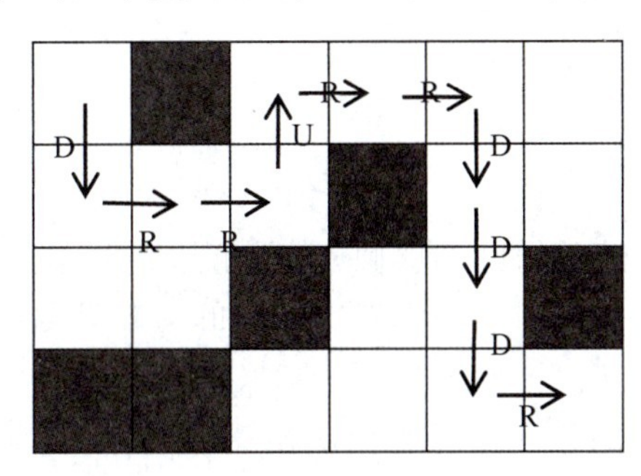

程序最后需要输出的是 DRRURRDDDR,而最后到达出口时,程序只记录了路径的父节点信息,不能用顺序方式输出。具体方式为:先记录最后一个方向 R,然后找到父节点,将方向 D 插在 R 的前方,形成 DR,再沿着路径找到上一个父节点的方向 D,插入字符串 DR 的前面,形成 DDR;按照这种方式,沿着路径直到初始起点的位置,从而形成路径字符串 DRRURRDDDR。

【参考程序】

```
#include <iostream>
using namespace std;
struct route{
    int x,y;
    char dir;
    int f;
};
struct route que[1510];
char map[30][50];
bool book[30][50];
int next[4][2]={{1,0},                              //向下走 D
                {0,-1},                             //向左走 L
                {0,1},                              //向右走 R
                {-1,0}                              //向上走 U
                };

char dirc[4]={'D','L','R','U'};
int main()
{
    int m=30,n=50;
    int i,j,dx,dy;
    int head,tail;
```

```
    freopen("maze.txt","r",stdin);
    for(i=0;i<m;i++)
    {
        for(j=0;j<n;j++)
            map[i][j]=getchar();
        getchar();
    }

    head=0;tail=0;
    que[tail].x=0;
    que[tail].y=0;
    que[tail].f=-1;
    que[tail].dir=' ';
    tail++;
    book[0][0]=1;

    bool flag=false;
    while(head<tail)
    {
        for(int k=0;k<=3;k++)
        {
            dx=que[head].x+next[k][0];
            dy=que[head].y+next[k][1];
            if(dx<0||dx>m-1||dy<0||dy>n-1)
                continue;
            if(map[dx][dy]=='0' && book[dx][dy]==0)
            {
                book[dx][dy]=1;
                que[tail].x=dx;
                que[tail].y=dy;
                que[tail].f=head;
                que[tail].dir=dirc[k];
                tail++;
            }
            if(dx==m-1 && dy==n-1)
            {
                flag=1;
                break;
            }
        }
        if(flag==1) break;
        head++;
    }
    string strR="";
```

```
    int r=tail-1;
    while(que[r].f!=-1)
    {
        strR=que[r].dir+strR;
        r=que[r].f;
    }
    cout<<strR;
    return 0;
}
```

6.6 练 习 题

练习 1：凑算式

【题目描述】

$$A+\frac{B}{C}+\frac{DEF}{GHI}=10$$

算式中的字母 A～I 代表数字 1～9，不同的字母代表不同的数字。

例如：

6+8/3+952/714 是一种解法，5+3/1+972/486 是另一种解法。

请问这个算式一共有多少种解法？

注意：考生提交的应该是一个整数，不要填写任何多余内容或说明性文字。

练习 2：玩具蛇

【问题描述】

小蓝有一条玩具蛇，一共有 16 节，上面标着数字 1～16。玩具蛇的每节都是一个正方形，相邻的两节可以呈直线或者 90°角。

小蓝还有一个 4×4 的方盒子，用于存放玩具蛇，盒子的方格上依次标着 A～P 共 16 个字母。

小蓝可以折叠自己的玩具蛇并放到盒子里，他发现有很多种可以将玩具蛇放进去的方案。

下图给出了两种方案。

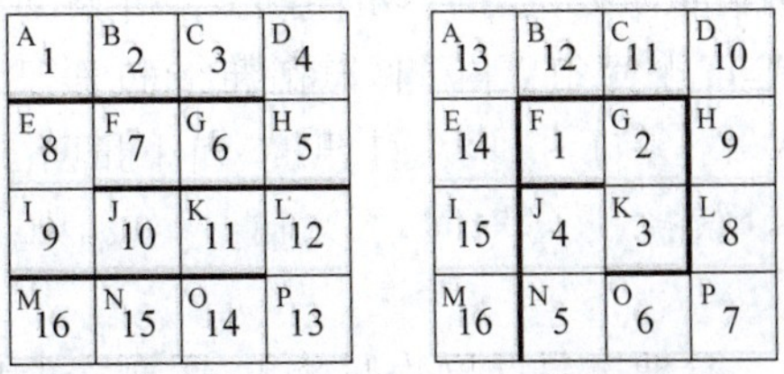

A 1	B 2	C 3	D 4
E 8	F 7	G 6	H 5
I 9	J 10	K 11	L 12
M 16	N 15	O 14	P 13

A 13	B 12	C 11	D 10
E 14	F 1	G 2	H 9
I 15	J 4	K 3	L 8
M 16	N 5	O 6	P 7

请帮小蓝计算一下总共有多少种不同的方案；如果两个方案中存在玩具蛇的某一节放在了盒子的不同格子里，则认为这是不同的方案。

练习3：递归入门

【题目描述】

已知n个整数$b_1,b_2,\cdots,b_n$以及一个整数k（k<n）。从n个整数中任选k个整数相加，可分别得到一系列的和。

例如，当n=4、k=3,4个整数分别为3、7、12、19时，可得的全部组合与它们的和为

3+7+12=22　　3+7+19=29　　7+12+19=38　　3+12+19=34。

现在，要求计算出和为素数的组合共有多少种。

例如上例，只有一种和为素数的组合：3+7+19=29。

【输入样式】

第一行包含两个整数n和k（1≤n≤20,k<n）。

第二行包含n个整数$x_1,x_2,\cdots,x_n$（$1\leqslant x_i\leqslant 5000000$）。

【输出样式】

一个整数(满足条件的方案个数)。

【样例输入】

```
4 3
3 7 12 19
```

【样例输出】

```
1
```

练习4：找朋友

【题目描述】

X是户外运动的忠实爱好者，他总是不想待在家里。现在，X想把朋友Y从家里拉出来。问从X的家到Y的家的最短时间是多少。

为了简化问题，我们把地图抽象为n×m的矩阵，行编号从上到下为1～n，列编号从左到右为1～m。矩阵中的X表示X所在的初始坐标，Y表示Y的位置，#表示当前位置不能走，*表示当前位置可以通行。X每次只能向上下左右相邻的*移动，每移动一次耗时1秒。

【输入样式】

包含多组输入。每组测试数据首先输入两个整数n和m(1≤n,m≤15)，用来表示地图大小。接下来的n行每行有m个字符，保证输入数据合法。

【输出样式】

若X可以到达Y的家，则输出最短时间，否则输出-1。

【输入样例】

3　3
X＃Y
＊＊＊
＃＊＃
3　3
X＃Y
＊＃＊
＃＊＃

【输出样例】

4
－1

练习5：马的遍历

【问题描述】

有一个n×m的棋盘(1＜n,m≤400)，在某个点上有一个棋子马，要求计算出马到达棋盘上任意一点最少要走几步？

【输入格式】

包含一行四个数据，即棋盘的大小和马的坐标。

【输出格式】

一个n×m的矩阵，代表马到达某个点最少要走几步(左对齐，宽5格，不能到达则输出－1)。

【输入样例】

3 3 1 1

【输出样例】

0 3 2
3 －1 1
2 1 4

练习6：大臣的旅费

【问题描述】

很久以前，T王国空前繁荣。为了更好地管理国家，T王国修建了大量的快速路，用于连接首都和王国内的各大城市。

为节省经费，T国的大臣们经过思考，制定了一套优秀的修建方案，使得任何一个大城市都能从首都直接或者通过其他大城市间接到达。同时，如果不重复经过大城市，则从首都到达每个大城市的方案都是唯一的。

J是T王国重要的大臣，他巡查于各大城市之间体察民情，所以从一个城市马不停蹄地到达另一个城市成了J最常做的事情。他有一个钱袋，用于存放往来城市的路费。

聪明的J发现，如果不在某个城市停下来修整，则在连续行进的过程中，他所花费的路费与他已走过的距离有关，在从第 x 千米走到第 x+1 千米的这一千米中（x 是整数），他花费的路费是 x+10。也就是说，走 1 千米花费 11，走 2 千米花费 23。

J大臣想知道：他从某一个城市出发，中间不休息，到达另一个城市所花费的路费中最多的是多少呢？

【输入格式】

第一行包含一个整数 n，表示包括首都在内的 T 王国的城市数。

城市从 1 开始依次编号，1 号城市为首都。

接下来的 n－1 行描述 T 王国的高速路（T 王国的高速路一定是 n－1 条）。

每行 3 个整数 Pi、Qi、Di 表示城市 Pi 和城市 Qi 之间有一条长度为 Di 千米的高速公路。

【输出格式】

输出一个整数，表示 J 大臣花费的路费最多是多少。

【样例输入】

```
6
1 2 2
1 3 1
2 4 5
2 5 4
5 6 4
```

【样例输出】

```
135
```

【输出格式】

J 大臣从城市 4 到达城市 5 最多花费 135 的路费。

第7章 动态规划

7.1 动态规划简介

动态规划的基本思想是将待求解的问题分解为若干子问题(阶段),然后按顺序求解子问题,前一子问题的解为后一子问题的求解提供了有用的信息。在求解任一子问题时,列出各种可能的局部解,通过决策保留那些有可能达到最优的局部解,丢弃其他局部解;依次解决各子问题,最后一个子问题的解就是初始问题的解。

由于动态规划解决的问题多数有重叠子问题这个特点,因此为减少重复计算,对每个子问题只解一次,并将其不同阶段的不同状态保存在一个二维数组中。

动态规划与分治法最大的差别是:适合于用动态规划法求解的问题,经分解后得到的子问题往往不是互相独立的(即下一子问题的求解是建立在上一子问题的解的基础上而进行的进一步求解)。

1. 基本步骤

动态规划的基本步骤分为以下四步。

(1) 转换成子问题。

对于动态规划,最重要的是把一个大的问题划分成若干子问题,即进行问题降阶,通过逐级降阶将问题简化,从而实现问题的求解。

(2) 转移方程,把问题方程化。

例如,下面是换硬币的例子方程:f[X]=min{f[X−2]+1,f[X−5]+1,f[X−9]+1}。

(3) 按照实际逻辑设置边界情况和初始条件。

(4) 确定计算顺序并求解。

2. 兑换硬币例题分析

目前有9元、5元、2元三种面值的硬币若干枚,现在要找回21元的硬币,则用什么样的组合可以使得兑换的硬币数量最少?

利用动态规划解决问题主要分为以下四个步骤。

(1) 转换成子问题

假设拿出的硬币分别是a1、a2、a3、…、ak,一共k枚硬币。从最后一步分析可知:把所有硬币数减去最后一枚硬币ak,得到一个k−1枚的子问题;由于本题要利用最少的组合兑换,所以k−1枚子问题也是最少的组合。

(2) 状态转移方程

状态转移方程主要是划分子问题时其状态转变的表达式。设状态f[x]=最少用多少枚硬币拼出X,则状态转移方程为

f[x]=min{f[x−9]+1,f[x−5]+1,f[x−2]+1}

该方程的意思是：要想求出 X 的最少组合方法，则求出 X－9、X－5、X－2 中的最小值后再加上 1 就是 X 问题的解。

（3）初始条件和边界情况

考虑初始条件 f[0]＝0，表示 0 元需要 0 个硬币。

边界条件为：当 X－2、X－5 或 X－7 小于 0 时，默认这种情况拼不出来，即利用最大值 MAX 表示。这样表示有一个好处，那就是上述的状态转移方程也适用这种情况，比如：

f[1]＝min{f[x－9]＋1,f[x－5]＋1,f[x－2]＋1}＝min{f[－8]＋1,f[－4]＋1,f[－1]＋1}＝MAX

表示 1 这种情况拼不出来。

（4）计算顺序

根据初始条件 f[0]，依次计算 f[1]～f[21]，具体计算过程如下。

	0	1	2	3	4	5	6	7	…	20	21
初始	0	MAX	MAX	MAX	MAX	MAX	MAX	MAX	…	MAX	MAX
步骤1	0	MAX	MAX	MAX	MAX	MAX	MAX	MAX	…	MAX	MAX

f [1]=min{f [x−9]+1, f [x−5]+1, f [x−2]+1}=min{f [−8]+1, f [−4]+1, f [−1]+1}=MAX

	0	1	2	3	4	5	6	7	…	20	21
步骤2	0	MAX	1	MAX	MAX	MAX	MAX	MAX	…	MAX	MAX

f [2]=min{f [−7]+1, f [−3]+1, f [0]+1}=min{MAX, MAX, 0+1}=1

	0	1	2	3	4	5	6	7	…	20	21
步骤3	0	MAX	1	MAX	MAX	MAX	MAX	MAX	…	MAX	MAX

f [3]=min{f [−6]+1, f [−2]+1, f [1]+1}=min{MAX, MAX, MAX]=MAX

…

	0	1	2	3	4	5	6	7	…	20	21
步骤21	0	MAX	1	MAX	2	1	3	2	…	3	4

f [21]=min{f [12]+1, f [16]+1, f [19]+1}=min{4, 4, 4}=4

参考程序如下。

```
int n=21;                                    //要兑换的钱币总数
int a[3]={2,5,9};                            //可兑换的钱币
int cc[N+1];                                 //状态数组
cc[0]=0;                                     //初始化
for(int i=1;i<=n;i++)
{
    cc[i]=MAX;
    for(int j=0;j<=2;j++)                    //求子问题的最小值
        if(i>=a[j] && cc[i-a[j]]!=MAX)       //排除两种最大值的情况
            cc[i]=min(cc[i-a[j]]+1,cc[i]);
}
```

3. 0-1 背包问题例题分析

0-1 背包问题是这样的：有一个背包可以装一定重量的物品，如何装物品才能使得背包的价值最大？为了区分物品的重要性，每件物品都有两个属性：重量和价值。

下面的案例中，背包能装的重量是 10 斤，可以装的物品有以下几种。

- 矿泉水(重 5 斤，价值 10)；
- 书(重 3 斤，价值 5)；
- 小吃(重 4 斤，价值 8)；
- 水果(重 4 斤，价值 9)；
- 相机(重 2 斤，价值 6)。

请问：携带哪些物品时价值最高？

这是一个典型的 0-1 背包问题。所谓 0-1 背包问题，就是指背包中要么装这个物品，要么不装这个物品。

可以利用动态规划思想解决本题，仍然通过以下四个步骤分析问题。

(1) 转换成子问题

目前背包中可以放矿泉水、书、小吃、水果和相机这五样东西，同样从最后一个物品"相机"开始分析：放和不放相机一共是两种状态，如果放，则背包中只有 12－2＝10 斤剩余空间可以放其他物品了；如果不放，则背包中能放的物品就少了一样，即只剩下矿泉水、书、小吃和水果这四样物品了，这样问题就得到了简化。

那么，究竟放不放相机呢？判断的依据就是价值最高原则。如果不放相机，则总价值就是前面四个物品的价值，记作 Value[4][10]，表示前四个物品放入重 10 斤的背包中的最大价值；如果放相机，则价值就是 Value[4][10－2]，表示前四个物品放入重 8 斤的背包中的最大价值，可以表示成下图。

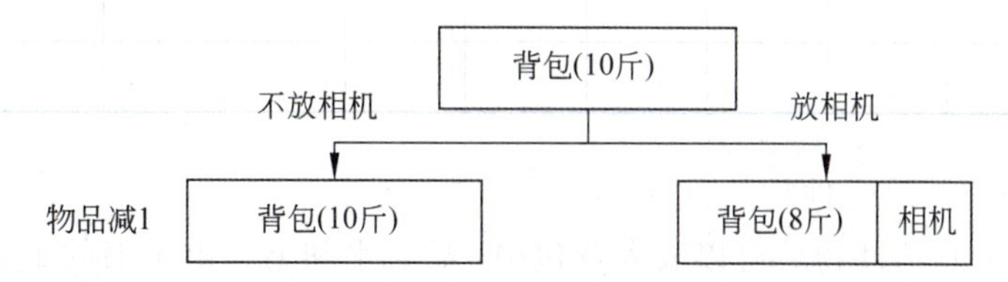

只需要判断这两种情况下哪种情况的价值最高，选择价值高的，以决定放不放相机。

(2) 状态转移方程

根据子问题的分析，设状态 Value[x][y]＝前 x 件物品放入重为 y 的背包中的最大价值。

状态转移方程：Value[x][y]＝max{Value[x－1][y]，Value[x－1][y－w[i]]＋v[i]}。

其中，w[i]表示第 i 件物品的重量，v[i]表示第 i 件物品的价值。

该方程的意思是：在第 i 件物品放与不放的两种情况下求最大价值。

(3) 初始条件和边界情况

本题是二维状态转换，初始值有以下两个：

Value[0][y]＝0，表示前 0 件物品(没有物品)放入重量为 y 的背包中的价值为 0；

Value[x][0]＝0，表示前 x 件物品放入重量为 0 的背包中的价值也为 0。

边界条件为：x 表示物品数量，范围为 0～5。y 表示背包重量，最大值为 12，这里为了能够得到各个中间状态(例如放入相机后，背包中只剩余 8 斤的重量)，y 的范围为 0～12。

（4）计算顺序

根据初始条件依次计算每件物品放入背包后的价值，具体计算过程如下。

- 初始状态

重量/斤	0	1	2	3	4	5	6	7	8	9	10
无(0)	0	0	0	0	0	0	0	0	0	0	0
矿泉水(1)	0										
书(2)	0										
小吃(3)	0										
水果(4)	0										
相机(5)	0										

- 开始向背包中放矿泉水

首先假设当前只有矿泉水能够向背包中放置。在放矿泉水之前，首先要判断背包中的剩余重量是否能够放置矿泉水，如果够，则将矿泉水放入背包，并计算出最大价值。计算结果如下。

重量/斤	0	1	2	3	4	5	6	7	8	9	10
无(0)	0	0	0	0	0	0	0	0	0	0	0
矿泉水(1)	0	0	0	0	0	10	10	10	10	10	10
书(2)	0										
小吃(3)	0										
水果(4)	0										
相机(5)	0										

- 向背包中放置第二件物品：书

当前状态表示有两件物品可以放入背包中：矿泉水和书。由于书的重量是3，因此当重量是3时，背包中能够放书，其价值为5；当背包的重量为5时，由于矿泉水的价值比书高，所以选择矿泉水价值为10；当背包的重量为8时，可以同时放下矿泉水和书，背包中的价值为15。计算结果如下。

重量/斤	0	1	2	3	4	5	6	7	8	9	10
无(0)	0	0	0	0	0	0	0	0	0	0	0
矿泉水(1)	0	0	0	0	0	10	10	10	10	10	10
书(2)	0	0	0	5	5	10	10	10	15	15	15
小吃(3)	0										
水果(4)	0										
相机(5)	0										

这里的每一步都是可以利用上面的状态方程实现的，例如：Value[2][8]表示将两件物品放入重量为8的背包中，其状态为 max{Value[x−1][y]，Value[x−1][y−w[i]]+v[i]}=max{Value[1][8]，Value[1][5]+5}=max{10，10+5}=15。

其他步骤的计算请读者自己尝试一下。

• 向背包中放置第三件物品：小吃

当前状态表示有三件物品可以放入背包中：矿泉水、书和小吃。计算结果如下。

重量/斤	0	1	2	3	4	5	6	7	8	9	10
无(0)	0	0	0	0	0	0	0	0	0	0	0
矿泉水(1)	0	0	0	0	0	10	10	10	10	10	10
书(2)	0	0	0	5	5	10	10	10	15	15	15
小吃(3)	0	0	0	5	8	10	10	13	15	18	18
水果(4)	0										
相机(5)	0										

当有三件物品可以放置时，其各个状态的变化就变多了。每个状态的变化都可以利用状态方程实现转换，例如：Value[3][9]表示将三件物品放入重量为9的背包中，其状态为 max{Value[x−1][y]，Value[x−1][y−w[i]]+v[i]}=max{Value[2][9]，Value[2][5]+8}=max{15，10+8}=18。

• 依次向背包中放置第四和第五件物品：水果和相机

计算结果如下。

重量/斤	0	1	2	3	4	5	6	7	8	9	10
无(0)	0	0	0	0	0	0	0	0	0	0	0
矿泉水(1)	0	0	0	0	0	10	10	10	10	10	10
书(2)	0	0	0	5	5	10	10	10	15	15	15
小吃(3)	0	0	0	5	8	10	10	13	15	18	18
水果(4)	0	0	0	5	9	10	10	14	17	19	19
相机(5)	0	0	6	6	9	11	15	16	17	20	23

从上表中可以看出，当背包中有五件物品可以放置时，重量为10的背包可以放置的价值最大为23。经分析，放置的物品分别是：小吃、水果和相机，其价值分别是8、9、6，重量刚好是10。

```
int n,m;                                    //n代表物品个数,m代表背包的总重量
int Value[100][100];
int v[100],w[100];
//v[100]存储价值,w[100]存储重量
```

```
cin>>n>>m;
for(int i=1;i<=n;i++)
    cin>>w[i]>>v[i];
for(int i=0;j<=m;j++)  value[0][j]=0;
for(int i=1;i<=n;i++)
{
    Value[i][0]=0;
    for(int j=1;j<=m;j++)
    {
        Value[i][j]=Value[i-1][j];
        if(j>=w[i])
        Value[i][j]=max(Value[i-1][j],Value[i-1][j-w[i]]+v[i]);
    }
}
cout<<"01 背包各状态转换表:"<<endl;
for(int i=0;i<=n;i++)
{
    for(int j=0;j<=m;j++)
        cout<<setw(3)<<Value[i][j];
    cout<<endl;
}
cout<<"背包能够装的最大价值为:"<<Value[n][m];
```

该程序得出的最大价值是 23,要向背包中放置的物品是:小吃、水果和相机。还有一个问题,那就是如何让计算机程序自己推算出向背包中放置的物品是哪些。

例题:如何根据最大价值推算背包中放置的物品是哪些。

分析:推算的方法是回溯,回溯的过程还是根据状态方程进行的。例如:首先要判断 5 号物品相机是否放入背包中。按照原来的物品放置逻辑,如果相机放入背包,那么背包的最大价值就是相机的价值加上背包重量减去相机重量之后的最大价值;如果相机不放入背包,那么背包的价值就等于前面四个物品的最大价值。

将分析反过来:如果当前背包的最大价值与前面四个物品的最大价值相等,那么相机就没有放入,否则相机就放入了背包,示意图如下图所示。

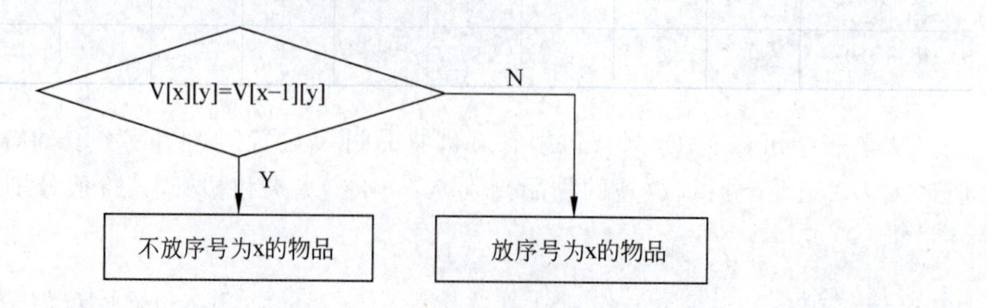

如果不放相机,那么背包中的重量不会变化;如果放置相机,那么背包中需要减去相机的重量。程序的结束条件是最大价值为 0。本题的最大价值变化过程如下表所示。

重量/斤	0	1	2	3	4	5	6	7	8	9	10
无(0)	0	0	0	0	0	0	0	0	0	0	0
矿泉水(1)	0	0	0	0	0	10	10	10	10	10	10
书(2)	0	0	0	5	5	10	10	10	15	15	15
小吃(3)	0	0	0	5	8	10	10	13	15	18	18
水果(4)	0	0	0	5	9	10	10	14	17	19	19
相机(5)	0	0	6	6	9	11	15	16	17	20	23

为了不重复说明问题，本题默认已经求出最大价值，利用一个函数实现该功能。

```
void print(int n,int m)
{
    cout<<"背包中的物品序号列表为:";
    while(Value[n][m]!=0)
    {
        if(Value[n][m]>Value[n-1][m])
        {
            cout<<setw(3)<<n;
            m=m-w[n];
        }
        n=n-1;
    }
}
```

7.2 包子凑数(2017 年试题 H)

【问题描述】

小明几乎每天早晨都会在一家包子铺吃早餐，他发现这家包子铺有 N 种蒸笼，其中第 i 种蒸笼恰好能放 A_i 个包子。每种蒸笼都有非常多个，可以认为是无限笼。

每当有顾客想买 X 个包子时，卖包子的大叔就会迅速选出若干笼包子，使得这若干蒸笼中恰好一共有 X 个包子。例如一共有 3 种蒸笼，分别能放 3、4、5 个包子。当顾客想买 11 个包子时，大叔就会选两笼 3 个的和一笼 5 个的(也可能选一笼 3 个的和两笼 4 个的)。

当然，有时大叔无论如何也凑不出顾客想买的数量。例如一共有 3 种蒸笼，分别能放 4、5、6 个包子。当顾客想买 7 个包子时，大叔就凑不出来了。

小明想知道一共有多少种数目是大叔凑不出来的。

【输入格式】

第一行包含一个整数 N($1 \leqslant N \leqslant 100$)。

以下 N 行每行包含一个整数 A_i($1 \leqslant A_i \leqslant 100$)。

【输出格式】

一个整数代表答案。如果凑不出的数目有无限多个，则输出 INF。

【样例输入 1】

2

4

5

【样例输出 1】

6

【样例输入 2】

2

4

6

【样例输出 2】

INF

【样例解释】

对于样例 1,凑不出的数目包括 1、2、3、6、7、11。

对于样例 2,所有奇数都凑不出来,所以有无限多个。

如果给定数列的最大公约数不为 1,那么就有 INF 个数凑不成;如果为 1,那么只需要考虑前面不能凑成的就可以了(完全背包思想)。

【解析】

本题已经说明,如果给定数列的最大公约数不为 1,那么就有 INF 个数凑不成。如果为 1,那么只需要考虑前面不能凑成的就可以了(完全背包思想)。这个就是本题的思路和关键点。下面详细分析这两个问题。

(1) 什么情况下是 INF 情况

如果给定数列的最大公约数不为 1,则出现 INF 情况。换句话说,数列中的任意两个数都不互质,就会存在 INF 个数凑不成。

(2) 解题思路是数组规模

解题的基本思路是完全背包思想。程序的具体流程为:首先判断输入的 N 个数据序列的最大公约数是否为 1。如果不是 1,则输出 INF 并退出;如果是 1,则利用完全背包进行计算。

本题已知 N 的最大值为 100,即 A_i 最多为 100,那么背包的容量设置为比 10000 大一些即可,这里设置成 10001。

【参考程序】

```
#include <bits/stdc++.h>
using namespace std;
int gcd(int a,int b)
{
    return b==0? a:gcd(b,a%b);
}
int main()
{
    int n;
```

```
    int dp[10001],a[100];
    memset(dp,0,sizeof(dp));
    scanf("%d%d",&n,&a[0]);
    int g=a[0];
    for(int i=1;i<n;++i)
    {
    scanf("%d",&a[i]);
        g=gcd(g,a[i]);
    }
    if(g!=1)
    {
        printf("INF");
        return 1;
    }
    dp[0]=1;
    for(int i=0;i<n;++i)
        for(int j=a[i];j<10001;++j)
            dp[j]=max(dp[j],dp[j-a[i]]);
    int ans=0;
    for(int i=0;i<10001;++i)
        if(!dp[i]) ans++;
    printf("%d\n",ans);
    return 0;
}
```

7.3 K 倍区间(2017 年试题 J)

【问题描述】

给定一个长度为 N 的数列 $A_1,A_2,\cdots,A_N$,如果其中一段连续的子序列 $A_i,A_{i+1},\cdots,A_j$ $(i\leqslant j)$之和是 K 的倍数,则称这个区间[i, j]是 K 倍区间。

你能求出数列中总共有多少个 K 倍区间吗?

【输入格式】

第一行包含两个整数 N 和 K$(1\leqslant N,K\leqslant 100000)$

以下 N 行每行包含一个整数 A_i。$(1\leqslant A_i\leqslant 100000)$

【输出格式】

输出一个整数,代表 K 倍区间的数目。

【样例输入】

5 2

1

2

3

4
5

【样例输出】

6

【资源约定】

峰值内存消耗(含虚拟机)<256MB。
CPU 消耗<2000ms。

【解析】

本题首先想到利用三重循环暴力求解,程序如下所示。

```
for(int left=1; left<=n; left++)
    for(int right=1; right<=n; right++)
    {
        int num = 0;
        for(int i=left; i<=right; i++)
            num+=arr[i];
        if(num% k==0) count++;
    }
```

但是题中整数的个数高达 100000 个,利用暴力破解的时间复杂度为 $O(n^3)$,会严重超时,所以此方法行不通。

本题可以采用前缀和算法实现,所谓前缀和就是指数组的前 i 项之和。例如数组 a[]={1,2,3,4,5}的前缀和如下所示。

原数列	1	2	3	4	5
前缀和	1	3	6	10	15

前缀和一般是用于预处理,以让后面的程序更加简洁和高效。

本题要求出 K 倍区间,可以用前缀和再对 K 求余。如果前 i 项数组和对 K 的余等于前 K 项数组的和对 K 的余,那么[i+1,j]一定是 K 倍区间。例如,对数组 a 的前缀和对 2 求余,得到的结果如下所示。

arr	1	1	0	0	1

现在就可以通过数组 arr 做这个 K 倍区间,通过比较数组 arr 各个元素的值查找数值相等的元素。如果 arr[2] == arr[5],那么说明区间[i+1,j],即区间[3,5]是 K 倍区间。

原数列	1	2	3	4	5
arr	1	1	0	0	1
		↑i			↑j

本题算法的基本思想:用变量 count 计数,在计数前定义一个数组 num 统计 arr[i] % k == arr[j] % k 的个数,数组 num 中的下标就是余数,元素的值用来表示此余数值在前

面出现了几次，操作一共有以下两步。

① 把 arr 中的值代入 num[arr[i]]，看前面有几个余数和它相同。

② 加完后，num[arr[i]]+1，这是因为 arr[i]在做完运算后它自己也算作那个余数值的一员。

具体计算过程如下表所示。

步骤	原数列	arr	指针 i	num[0]	num[1]	备　注
1	1	1	←	0	1	
2	2	1	←	0	2	区间[2]
3	3	0	←	1	2	
4	4	0	←	2	2	区间[4]
5	5	1	←	2	3	区间[2,3,4,5]和[3,4,5]

在最后结束时还要加上 num[0]，因为当 arr[i]==0 时，它本身也是 K 倍区间。

【参考程序】

```
#include<iostream>
using namespace std;
int arr[100005];
int num[100005];                          //用来 arr[i] % k == arr[j] % k 的个数
int main()
{
    int n,k;
    cin>>n>>k;
    for(int i = 1;i <= n;i++)
    {
        cin>>arr[i];
        arr[i] = (arr[i]+arr[i-1]) % k; //对前缀和取模
    }
    long long count = 0;                  //count 的数可能会超过 int 范围
    for(int i = 1;i <= n;i++)
    {
        count += num[arr[i]];
        num[arr[i]]++;                   //若 arr[i] % k=arr[j] % k,则 num[arr[i]]加 1
    }
    //加 num[0]是因为模等于 0 时区间本身也符合
    cout<<count+num[0]<<endl;    return 0;
}
```

【简化】 可以把中间的代码合并，作用是一样的。

```
for(int i=1;i<=n;i++)
{
    cin>>arr[i];
```

```
    arr[i]=(arr[i-1]+arr[i])%k;          //前缀和取模
    count+=num[arr[i]];
    num[arr[i]]++;
}
```

7.4 测试次数(2018 年试题 D)

【题目描述】

x 星球的居民脾气都不太好,但好在他们生气时唯一的异常举动是摔手机。

各大厂商也纷纷推出各种耐摔型手机。x 星球的质监局规定了手机必须通过耐摔测试,并且评定出一个耐摔指数,之后才允许上市流通。

x 星球有很多高耸入云的高塔,刚好可以用来做耐摔测试。塔的每一层的高度都是一样的,与地球上稍有不同的是,他们的第一层不是地面,而是相当于我们的 2 楼。

如果手机从第 7 层扔下去没摔坏,但从第 8 层扔下去摔坏了,则手机的耐摔指数=7。

特别地,如果手机从第 1 层扔下去就摔坏了,则手机的耐摔指数=0。

如果手机从塔的最高层第 n 层扔下去未摔坏,则手机的耐摔指数=n。

为了减少测试次数,从每个厂家抽样 3 部手机参加测试。

某次测试的塔高为 1000 层,如果我们总是采用最佳策略,则在最坏的运气下最多需要测试多少次才能确定手机的耐摔指数呢?

请填写这个最多测试次数。

注意:需要填写的是一个整数,不要填写任何多余内容。

【参考答案】

19

【解析】

本题可以采用动态规划解决。

dp[i][j]表示还有 i 部手机,有 j 层楼待测的所有方案的集合。可在 j 层待测楼中的第 1~j 层扔下手机,将所有集合划分成 j 部分,不妨假设在 k(1≤k≤j)层楼扔下手机分为以下两种情况。

① 摔坏了:导致手机数量减 1,待测楼层变成 1~k-1 层,也就是 dp[i-1,k-1]。

② 没摔坏:手机数量未改变,待测楼层变成 k+1~j 层,总共有 j-(k+1)+1 层,也就是 dp[i,j-(k+1)+1]。

最坏运气下,也就是 max(dp[i-1,k-1],dp[i,j-(k+1)+1]),求出每一层楼扔下手机在最坏运气下的摔手机次数,选择其中最少的作为我们的决策。

其中,+1 是指无论当前这次测试是否摔坏手机,都认为进行了一次测试。max 的目的是在测试过程中保证运气最坏,即最坏情况。

状态转移方程为

```
dp[i][j] = min(d[i][j], max(dp[i-1][k-1],dp[i,j-(k+1)+1])
```

其中，min 是时刻，要保证最优策略。

例如：

输入：3，程序应该输出：2。

解释：

手机 a 从 2 层扔下去摔坏了，就把手机 b 从 1 层扔下去；否则手机 a 继续从 3 层扔下。

再例如：

输入：7，程序应该输出：3。

解释：

手机 a 从 4 层扔下去摔坏了，则下面有 3 层，b 和 c 两部手机用两次实验足以测出指数；若是没摔坏且手机数量充足，则上面 5、6、7 三层用两次实验也可以测出指数。

【参考程序】

```
#include <iostream>
using namespace std;
const int N = 1e4 + 5;
int dp[4][N];
int main()
{
    int n=1000;
    //将扔手机的次数初始化为楼层数
    for (int i = 1; i <= 3; i ++ )
        for (int j = 0; j <= n; j ++ )
            dp[i][j] = j;

    for (int i = 2; i <= 3; i ++ )
        for (int j = 1; j <= n; j ++ )
            for (int k = 1; k <= j; k ++ )
                dp[i][j] = min(dp[i][j], max(dp[i-1][k-1], dp[i][j-(k+1)+1])+1);

    printf("%d", dp[3][n]);
    return 0;
}
```

7.5　矩阵(2020 年试题 E)

【问题描述】

把 1～2020 放在 2×1010 的矩阵里。要求同一行中右边的数比左边的数大，同一列中下边的数比上边的数大，请问：一共有多少种方案？答案很大，考生只需要给出方案数除以 2020 的余数即可。

【答案提交】

这是一道结果填空题，考生只需要算出结果并提交即可。

本题的结果为一个整数，在提交答案时只填写这个整数，填写多余内容将无法得分。

【解析】

本题可以采用 dp 思想解决。

选用状态转移，dp[i][j]表示从 i 个数中选择 j 个数放在第一行，其余 i−j 个数放在第二行，前提是 i−j⩽j，即第二行中的个数需要小于或等于第一行中的个数。

dp[i][j]状态矩阵如下。

j \ i	1	2	3	4	5	6	7	8	9
1	1								
2	1	1							
3	0	2	1						
4	0	2	3	1					
5	0	0	5	4	1				
6	0	0	5	9	5	1			
7	0	0	0	14	14	6	1		
8	0	0	0	14	28	20	7	1	
9	0	0	0	0	42	48	27	8	1

假如要将 1～4 顺序填入 2×2 的方格中，有如下两种方案。

方案 1	1	2
	3	4
方案 2	1	3
	2	4

这里有：填数时上面一行的列数一定大于或等于下面一行的列数。因为我们是按从小到大的顺序填数的，这样才能保证同一列下面一行的数大于上面一行的数。

【参考程序】

```
#include<iostream>
using namespace std;
int dp[2030][1020];
int main()
{
    int n=2020;
    dp[1][1]=1;
    for (int i=2;i<=n;i++)                    //当前用了 i 个数字
    {
        for(int j=1;j<=i;j++)                 //第一行放 j 个数字
        {                                     //下一个数字总能放在第一行最右边的位置
            dp[i][j]+=dp[i-1][j-1];
```

```
            if(i-j<=j)                    //看 i-j 剩余多少,放在第二行
                dp[i][j]+=dp[i-1][j];
            dp[i][j]%=n;
        }
      }
    cout<<dp[2020][1010];
    return 0;
}
```

7.6　走方格(2020 年试题 H)

【问题描述】

在平面上有一些二维点阵。这些点的编号就像二维数组的编号一样,从上到下依次为第 1～n 行,从左到右依次为第 1～m 列,每个点可以用行号和列号表示。

现在有个人站在第 1 行第 1 列,他要走到第 n 行第 m 列,只能向右或者向下走。

注意:如果行号和列数都是偶数,则不能走入这一格。

问有多少种方案。

【输入格式】

一行,包含两个整数 n 和 m。

【输出格式】

一个整数,表示答案。

【样例输入】

20 21

【样例输出】

92378

【数据规模】

数据范围为 1≤n,m≤30

【解析】

设 n=5,m=5,则本题的示意图如下图所示。方格中共有 4 个方格不能走入,其他方格可以通过向下和向右走入。

本题可以采用动态规划的方法解决。

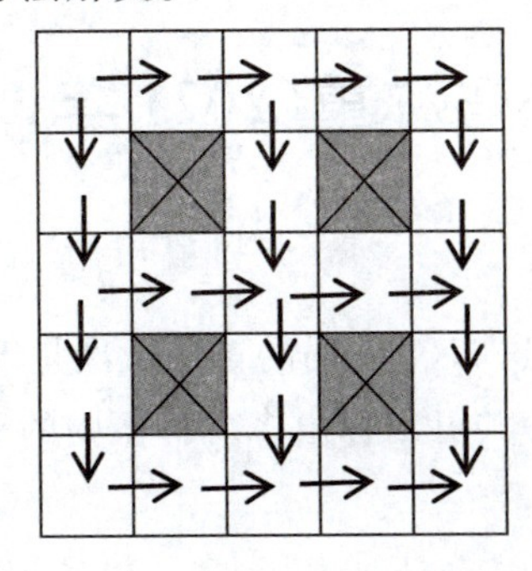

设 f[i][j]表示走到第 i 行、第 j 列时的走法数量，那么走到 f[i][j]的方法只有两种，即从上面走过来或者从左边走过来，故 f[i][j]的做法是这两种走法之和，即

f[i][j]=f[i−1][j]+f[i][j−1]

这也就是状态转移方程，需要注意以下两点。

① 该状态转移方程必须满足 i 和 j 不同时为偶数；同理，如果 i 和 j 同时为偶数，则该方格的走法为 0。

② 初始状态为 f[1][1]=1，即到达 f[1][1]一共有 1 种方法。

【参考程序】

```
#include <iostream>
using namespace std;
int n,m,ans;
int i,j;
int f[35][35];
int main()
{
    cin>>n>>m;
    if(n%2==0 && m%2==0)
    {
        cout<<0;
        return 0;
    }
    for(i=1;i<=n;i++)
        for(j=1;j<=m;j++)
        {
            if(i==1 && j==1)
                f[i][j]=1;
            //初始化
            else if(i%2==1||j%2==1)     //方格不全为偶数
                f[i][j]=f[i-1][j]+f[i][j-1];
        }
    cout<<f[n][m]<<endl;
    return 0;
}
```

7.7 砝码称重(2021 年试题 G)

【问题描述】

你有一架天平和 N 个砝码，这 N 个砝码的重量依次是 $W_1, W_2, \cdots, W_N$。

请你计算利用这 N 个砝码一共可以称出多少种不同的重量？

注意：砝码可以放在天平的两边。

【输入格式】

第一行包含一个整数 N。

第二行包含 N 个整数 $W_1, W_2, W_3, \cdots, W_N$。

【输出格式】

一个整数,代表答案。

【样例输入】

```
3
1 4 6
```

【样例输出】

```
10
```

【样例说明】

能称出的 10 种重量是 1、2、3、4、5、6、7、9、10、11。

1 = 1;

2 = 6 - 4(天平的一边放 6,另一边放 4);

3 = 4 - 1;

4 = 4;

5 = 6 - 1;

6 = 6;

7 = 1 + 6;

9 = 4 + 6 - 1;

10 = 4 + 6;

11 = 1 + 4 + 6。

【评测用例规模与约定】

对于 50%的评测用例,$1 \leqslant N \leqslant 15$。

对于所有评测用例,$1 \leqslant N \leqslant 100$,N 个砝码的总重量不超过 100000。

【解析】

本题也是一道典型的动态规划题目。

设状态 dp[i][j]表示 i 个砝码可称出重量 j,则状态转移方程 1 为

dp[i][j]=dp[i-1][j]

该方程表示 i-1 个砝码所能称出的重量 i 个砝码也能称出来。状态转移方程 2 为

dp[i][j]=dp[i][abs(j-a[i])]

该方程表示加入第 i 个砝码,看是否能称出 i-1 个砝码未能称出的重量。

程序首先从第 1 个砝码开始,当有新的砝码 i 加入时,一共分成以下三种情况。

(1) 当前重量 j 刚好等于加入的砝码 a[i]

将当前的 dp[i][j]状态设为 1。

(2) 当前重量 j 大于加入的砝码 a[i]

dp[i][j]=dp[i-1][j-a[i]],该状态表示 j 是否能由 i-1 个砝码所能称出的重量与 a[i]相加而得。

(3) 当前重量 j 小于加入的砝码 a[i]

dp[i][j]＝dp[i－1][a[i]－j]，该状态表示j是否能由a[i]减去i－1个砝码所能称出的重量而得。

输入样例如下。

a[i]	a[1]	a[2]	a[3]
	1	4	6

dp[i][j]状态矩阵如下。

i \ j	1	2	3	4	5	6	7	8	9	10	11
0	0	0	0	0	0	0	0	0	0	0	0
1	1	0	0	0	0	0	0	0	0	0	0
2	1	0	1	1	1	0	0	0	0	0	0
3	1	1	1	1	1	1	1	0	1	1	1

【参考程序】

```
#include <bits/stdc++.h>
long long dp[102][100002]={0};
using namespace std;
int main()
{

    int a[102];
    int n;
    int sum=0;
    cin>>n;
    for(int i=1;i<=n;i++)
    {
        cin>>a[i];
        sum+=a[i];                          //i个砝码所能称出的最大重量sum
    }
    for(int i=1;i<=n;i++)
        for(int j=1;j<=sum;j++)
        {
            dp[i][j]=dp[i-1][j];            //继承i-1的性质
            if(!dp[i][j])                   //若当前重量i-1个砝码未能称出
                {
                    if(j==a[i]) dp[i][j]=1;
                    else if(j>a[i]) dp[i][j]=dp[i-1][j-a[i]];
                    else dp[i][j]=dp[i-1][a[i]-j];
                }
        }
```

```
    int count=0;
    for(int i=1;i<=sum;i++)
        if(dp[n][i]) count++;
    cout<<count;
}
```

7.8 括号序列(2021年试题J)

【问题描述】

给定一个括号序列，要求尽可能少地添加若干括号使得括号序列变得合法，当添加完成后，会产生不同的添加结果，请问有多少种本质不同的添加结果。两个结果本质不同是指存在某个位置的一个结果是左括号，而另一个是右括号。

例如，对于括号序列 ((()，只需要添加两个括号就能使其合法，有以下几种不同的添加方法：()()()、()(())、(())()、(()())、((()))。

【输入格式】

一行，包含一个字符串 s，表示给定的括号序列，序列中只有左括号和右括号。

【输出格式】

一个整数，表示答案，答案可能很大，请输出答案除以 1000000007(即 10^9+7)的余数。

【样例输入】

((()

【样例输出】

5

【评测用例规模与约定】

对于 40%的评测用例，$|s|\leqslant 200$。

对于所有评测用例，$1\leqslant|s|\leqslant 5000$。

【解析】

在本问题中，需要适当地添加左括号或右括号以使其合法，并且需要在每个括号的前后添加。显然需要在“(”的右边加“)”或在“)”的左边加“(”，其余情况只会单单地增加要添加的括号数目罢了。若“(”的个数大于“)”的个数，则可以考虑在每个“(”后添加“)”的情况，反之考虑在每个“)”前添加“(”的情况。

第一种情况：右括号比左括号多。

例子：()))

首先给每个“)”起一个名字为 num，num 为 1、2、3。

那么思考每个括号前应至少添加几个“(”。

当只看第一个“)”时：()…

可以在前面不添加“(”就可以使式子成立。

也可以添加一个“(”变成(()…

因为只看到第一个“)”，所以前面无论加多少个“(”都可以通过后面多余的“)”弥补，至于省略号里有多少个“)”可以暂时不考虑。

所以((()…((((()…等都是成立的。我们至少需要添加0个“(”使这个序列合法。

下面再看第二个“)”：())…

如果在第二个“)”前面不添加“(”，即())…，那么无论后面的省略号里面是什么，都是不成立的。因为第一个“(”已经和第一个“)”匹配过了。在第二个“)”后不添加“(”就会导致失败。

如果在第二个“)”前面添加一个“(”，即(())…或()()…，就可以成立。

如果在第二个“)”前面添加两个“(”，即((())…或()(()…或(()()…，都可以通过省略号里未匹配的“)”与前面未匹配的“(”匹配，暂时不思考省略号中有多少个“)”。

所以我们至少添加1个“(”来使这个序列合法。

第三个括号同理，如果一个都不添加()))…，那么无论后面省略号里面是什么都是不成立的，如果添加一个：(()))等…，无论后面省略号里面是什么都是不成立的。

所以在第一个“)”前应至少添加0个“(”。在第二个“)”前应至少添加一个“(”。因为此时至少有一个“)”没有被前面的“(”匹配到，所以至少应添加一个“(”。在第三个“)”前应至少添加两个“(”，因为此时至少有两个“)”没有被前面的“(”匹配到。

为此，我们创建一个数组add[num]，用来存放每个括号前至少应添加几个“(”。

方法：几个“)”没有被匹配定义为rcnt，几个“(”没有被匹配的定义为lcnt。

遇到“(”，lcnt＋＋，反之rcnt＋＋。求两者差，显然小于add[num]的方案都是不合法的。

状态转移方程求法如下。

假设有一个序列())))…，该序列中有任意多个的右括号。

设立一个动态规划数组f[i][j]。i表示第几个“)”，j表示在i之前添加了多少个“(”，f[i][j]表示在第i个“)”前添加j个“(”，使有i个“)”的序列合法的情况数。

当i=1时，即()。

f[1][0]是成立的：()情况唯一，前面不需要添加“(”，所以值为1。

f[1][1]是成立的：(()情况唯一，所以值为1。

注意：

“(()”与“(()”视为同一种情况。

- f[1][2]也是成立的：((()情况唯一，所以值为1。
- f[1][任意]((((((((…)情况都是唯一的，值都是1。

当i=2时，即())。

f[2][0]为())，不添加“(”不成立，所以值为0。

f[2][1]成立，意思是在第二个“)”前添加一个“(”。

情况为两种：()()和(())。

- ()()

对应着在第一个“)”前加0个“(”。

- (())

对应着在第一个“)”前加一个“(”，即f[2][1]=f[1][0]+f[1][1]。

f[2][2]成立，意思是在第二个“)”前添加两个“(”。

情况为三种：()((),(()(),((())。

- ()(()

在第一个")"前加0个"("。

- (()()

在第一个")"前加一个"("。

- ((())

在第一个")"之前加两个"(",即 f[2][2]=f[1][0]+f[1][1]+f[1][2]。

同理：

f[2][j]=f[1][0]+f[1][1]+…+f[1][j]。

f[i][j]=f[i−1][0]+f[i−2][1]+…+f[i−1][j]

但这样的公式要计算多次,是一个三重循环,很明显会溢出,但是通过上面的公式可以得到

f[2][1]=**f[1][0]+f[1][1]**

f[2][2]=**f[1][0]+f[1][1]+f[1][2]**

加粗部分相同,所以 f[2][2]=f[2][1]+f[1][2],则 f[i][j]=f[i][j−1]+f[i−1][j]。

本题题目为()))。

我们需要在第三个右括号之前添加两个"(",这是最简单的。那么 f[3][2]中的值就是我们想要的答案,即 f[num][rcnt]输出便是在")"前加"("的最好方案,num 是最后一个")"的序号,表示最后括号序列是合法的,rcnt 至少需要在前面一共增加 rcnt 个"(",这样方案才佳,(rcnt+任意正数字)都是格外增加括号,不可取。

第二种情况：左括号比右括号多。

如果数列形如"((()",则只需要利用函数 std::reverse(s + 1, s + len + 1)翻转原数列变成"()))"即可。

【参考程序】

```
#include <iostream>
#include <cstdio>
#include <cstring>
#include <algorithm>
using namespace std;
const int mod = 1e9 + 7;

char s[5003];
int f[5003][5003];
int add[5003];
int ans;
int lcnt = 0, rcnt = 0, num = 0;
int Work(int len)
{
    lcnt = 0, rcnt = 0, num = 0;          //未被匹配的左、右括号数,右括号编号
    memset(f, 0, sizeof(f));
```

```
    for (int i = 1; i <= len; i++)
    {
        if (s[i] == '(')
            lcnt++;
        else
        {
            rcnt++;
            num++;

            if (lcnt) rcnt--, lcnt--;

            add[num] = rcnt;                    //记录最少需要添加的左括号数量,add 是单调不
                                                  减的(虽然这个性质没用)
        }
    }

    for (int i = add[1]; i <= len; i++) f[1][i] = 1;
    /* n ^ 3 转移
    for(int i = 2; i <= num; i ++)
        for(int j = add[i]; j <= len; j ++)
            for(int k = 0; k <= j; k ++)
                f[i][j] = (f[i][j] + f[i - 1][j - k]) % mod;
    */
    for (int i = 2; i <= num; i++)          //num 指右括号的个数
    {
        for (int j = 0; j <= add[i]; j++) f[i][add[i]] = (f[i][add[i]] + f[i - 1]
[j]) % mod;

        for (int j = add[i] + 1; j <= len; j++) f[i][j] = (f[i][j - 1] + f[i - 1][j])
% mod;
    }

    return f[num][rcnt];                    //返回答案
}

int main()
{
    scanf("%s", s + 1);
    int len = strlen(s + 1);

    ans = Work(len);

    for (int i = 1; i <= len; i++)          //镜像
        if (s[i] == '(')
            s[i] = ')';
```

```
        else
            s[i] = '(';

    std::reverse(s + 1, s + len + 1);     //翻转

    if (rcnt > lcnt)
        cout << ans % mod;
    else
        cout << Work(len) % mod;
    return 0;
}
```

7.9　练　习　题

练习1：爬楼梯

【问题描述】

有个小孩家住在5楼，有一天他突发奇想，想爬楼梯，已知每层楼梯有18阶台阶，小孩一次可以上1阶、2阶或3阶。请计算小孩有多少种上楼梯的方式。

填写一个数字，表示上楼梯的方式。

练习2：数字三角形

【问题描述】

给定一个由n行数字组成的数字三角形。试设计一个算法，计算出从三角形的顶至底的一条路径，使该路径经过的数字总和最大。

【输入格式】

第一行是数字三角形的行数n，1≤n≤100。接下来的n行是数字三角形各行中的数字，所有数字在0～99。

【输出格式】

一个整数，表示计算出的最大值。

【输入样例】

```
5
7
3 8
8 1 0
2 7 4 4
4 5 2 6 5
```

【输出样例】

```
30
```

练习 3：最长公共子序列

【题目描述】

最长公共子序列（Longest Common Subsequence，LCS）又称最长公共子串（不要求连续）。其定义是：一个序列 S，如果分别是两个或多个已知序列的子序列，且是所有符合此条件序列中最长的，则称 S 为已知序列的最长公共子序列。

【输入格式】

第一行给出一个整数 N（0<N<100），表示待测数据的组数。

接下来每组数据两行，分别为待测的两组字符串，每个字符串的长度均不大于 1000。

【输出格式】

每组测试数据输出一个整数，表示最长公共子序列的长度，每组结果占一行。

【样例输入】

2

asdf

adfsd

123abc

abc123abc

【样例输出】

3

6

练习 4：方格取数

【题目描述】

设有 N×N 的方格图（N≤10），在其中的某些方格中填入正整数，而其他方格中则填入数字 0。

某人从方格图的左上角的 A 点（1,1）出发，可以向下走，也可以向右走，直至到达右下角的 B 点（N,N）。在走过的路上，他可以取走方格中的数（取走后方格中的数字将变为 0）。

此人从 A 点到 B 点共走两次，试找出两条这样的路径，使得取得的数之和最大。

【输入格式】

第一行为一个整数 N（表示 N×N 的方格图），接下来的每行有 3 个整数，前两个表示位置，第 3 个数为该位置上所放的数。一行单独的 0 表示输入结束。

【输出格式】

只输出一个整数，表示两条路径上取得的最大和。

【样例输入】

8

2 3 13

2 6 6

3 5 7
4 4 14
5 2 21
5 6 4
6 3 15
7 2 14
0 0 0

【样例输出】

67

练习 5：排课

教务处给某一间教室安排课程，有很多老师都想来这间教室教授他们各自的课。假如第 i 位老师讲第 Ai 门课程，课程开始时间为 Si，结束时间为 Fi。那么教务处的老师就要利用这个时间安排课程，请问如何使得来这间教室上课的人数最多？

举个例子：

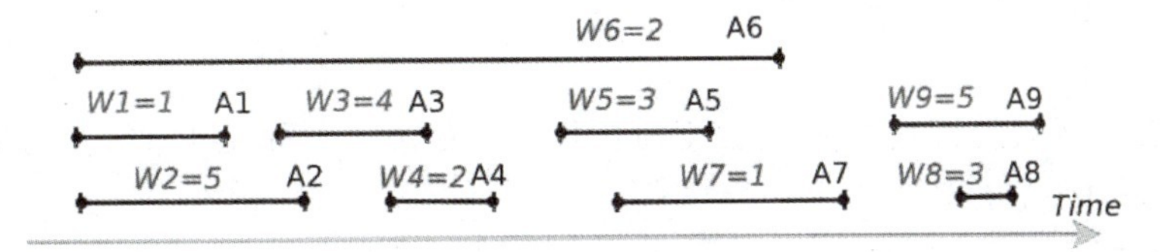

最底下为时间轴，每条黑线代表一门课程。用 W 表示该课程有多少名学生。我们看教务处安排最多有多少人来该教室上课。

【输入格式】

输入 n+1 行，第一行输入 n，表示总的课程门数。

后面的 n 行有 3 个数据，分别表示 Si、Fi 和学生人数 num。

【输出格式】

输出一个数，表示教室能够安排的最大人数。

【样例输入】

```
9
8:00    9:00    1
8:00    10:00   5
9:30    11:00   4
10:30   11:30   2
2:00    3:00    3
8:00    3:30    2
2:30    4:00    1
5:00    6:00    3
4:30    6:10    5
```

【样例输出】

15

练习6：滑雪

【问题描述】

Michael喜欢滑雪。可是为了获得速度，滑雪的区域必须向下倾斜，而且当你滑到坡底，你不得不再次走上坡或者等待升降机来载你。Michael想知道一个区域中最长的滑坡。区域由一个二维数组给出，数组的每个数字代表点的高度，下面是一个例子。

```
1   2   3   4   5
16  17  18  19  6
15  24  25  20  7
14  23  22  21  8
13  12  11  10  9
```

一个人可以从某个点滑向上下左右相邻的四个点之一，当且仅当高度减小时才能滑过去。在上面的例子中，一条可滑行的滑坡为24－17－16－1，当然25－24－23－…－3－2－1更长。事实上，这是最长的一条路径。

【输入格式】

第一行表示区域的行数R和列数C（1≤R，C≤100）。下面是R行，每行有C个整数，代表高度h，0≤h≤10000。

【输出格式】

输出最长区域的长度。

【样例输入】

```
5 5
1 2 3 4 5
16 17 18 19 6
15 24 25 20 7
14 23 22 21 8
13 12 11 10 9
```

【样例输出】

25

第8章 其他算法

8.1 其他算法简介

除了前7章的算法外，还有很多其他算法，例如图和树的相关算法，本章精选“蓝桥杯”中常考的两类算法——最短路径算法和并查集算法进行介绍。

1. 最短路径算法

最短路径算法有很多种，这里介绍常用的两种算法——Dijkstra算法和Floyd算法进行介绍。

(1) Dijkstra算法

Dijkstra算法使用广度优先搜索解决赋权有向图或者无向图的单源最短路径问题，该算法最终可以得到一个最短路径树。

Dijkstra算法采用的是一种贪心策略，声明一个数组dis保存源点到各个节点的最短距离和一个已经找到最短路径的节点集合。初始化时，源点u到节点v的路径权重被赋为0(dis[s]=0)。若对于节点v存在能直接到达的边(v,u)，则把dis[u]设为w(v,u)，同时把所有其他(v不能直接到达的)节点的路径长度设为无穷大，具体步骤如下。

① 从数组dis中选择最小值，该值就是源点u到其对应的节点的最短路径，因为此点已经是源点能到达的最短距离，不可能通过其他节点再次中转得到更短的距离。同时，通过一个数组book把它更新为true(初始化时，数组book都是false)。

② 需要看看新加入的节点是否可以到达其他节点，并看看通过该节点到达其他节点的路径长度是否比从源点直接到达更短，如果是，则替换这些节点在dis数组中的值。

③ 从dis数组中找出最小值，更新数组book。重复上述步骤，直到所有节点都被遍历完，即可找到源点到所有节点的最短距离。

• 例题分析

图8-1所示为一张交通信息图，图中的权值是交通费，现在需要求出从v1节点出发到其他各节点的最短距离。

利用Dijkstra算法进行求解的过程如下。

(1) 初始化

建立一个包含6个节点的数组dis，用来表示从V_1出发到其他各节点的最短距离；然后建立一个数组book，表示该节点是否已经判断过最短路径。

初始化dis[i]为从节点V_1开始到V_i是否有直接路径，book[1]设为true，表示该节点已经被判断过最短路径。初始化后的数据如表8-1所示。

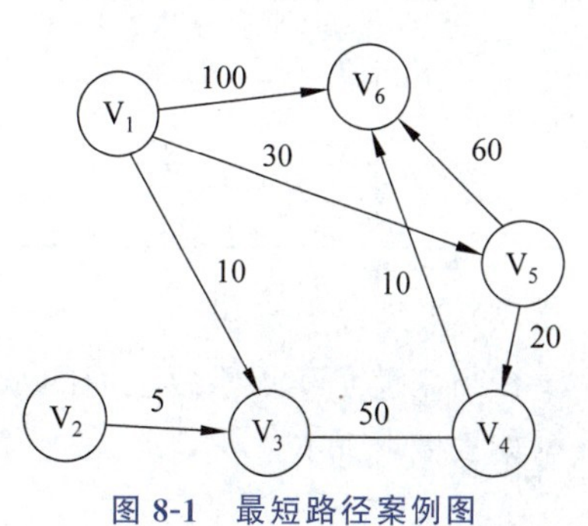

图8-1 最短路径案例图

表 8-1 初始化后的数据

	V_1	V_2	V_3	V_4	V_5	V_6
dis	0	∞	10	∞	30	100
book	True	False	False	False	False	False

（2）寻找下一条边并加入最短路径

从没有访问过的边中找到一条路程最短的边，让该边作为中间连接边，判断其是否是新的最短路径。

目前从 V_2～V_6 的边都没有访问过，所有边中最短就是到 V_3（路程为 10）。当选择了 V_3 节点时，dis[3]的值就从“估计值”变成了“确定值”，因为 V_3 是当前的最小值，不可能存在另外一个节点 V，通过 V 中转之后使得其变为距离比 V_3 更短的路径。

下面通过新加入节点集的 V_3 中转，看看能不能缩短 V_1 到其他节点的距离。V_3 可以到 V_4，距离为 50。那么现在需要判断 $V_1-V_3-V_4$ 的长度是否比 V_1-V_4 更短，计算结果为 $10+50=60<\infty$，满足条件，则把 dis[4]更新为 60，即通过 V_3 节点的加入使得 V_1-V_4 的最短路径变为 60 了。现在的数组 dis 更新了，表内数据如表 8-2 所示。

表 8-2 数组 dis 更新后的数据

	V_1	V_2	V_3	V_4	V_5	V_6
dis	0	∞	10	60	30	100
book	True	False	True	False	False	False

这个过程称为“松弛”，Dijkstra 的主要思想就是通过最短边松弛 V_1 到各节点的距离，从而找到最短边。

（3）继续寻找最短边

从剩下的没有访问过的边中继续寻找最小值，此时 dis[5]的值最小，重复之前的步骤，发现：V_1 - V_5 - V_4 的长度为 50，而 dis[4]的值为 60，所以要更新 dis[4]的值为 50。另外，V_1-V_5-V_6 的长度为 90，而 dis[6]为 100，所以需要更新 dis[6]的值为 90。更新后的数组 dis 如表 8-3 所示。

表 8-3 更新后的数组 dis 的数据

	V_1	V_2	V_3	V_4	V_5	V_6
dis	0	∞	10	50	30	90
book	True	False	True	False	True	False

（4）重复以上步骤

接下来就是不停重复上面的步骤，直到所有边都已经加入访问序列中，得到最后的结果数据如表 8-4 所示。

	V_1	V_2	V_3	V_4	V_5	V_6
dis	0	∞	10	50	30	60
book	True	True	True	True	True	True

该算法的核心程序段如下。

```
void Dijkstra(int v)
{
    //每轮迭代都可以确定一个点到源点的最短距离,因此只要迭代 n-1 轮
    for (int i=1;i<=n-1;++i)      {
        //找到离源点 v 最近的顶点
        min=inf;
        int u;
        for(int j=1;j<=n;++j)
        {
            //数组 book 为源点到此节点是否为最短距离
            if(!book[j]&&dis[j]<min&&j!=v){
                min=dis[j];
                u=j;
            }
        }
        book[u]=true;                    //每次找到最短距离后,就更新数组 book
        //通过已经确定的点对数组 dis 进行更新
        //未确定的点通过点 U,缩小了到源点的距离
        for(int j=1;j<=n;++v)
            if(dis[v]>dis[u]+edge[u][v])
                dis[v]=dis[u]+edge[u][v];
    }
}
```

(2) Floyd 算法

Floyd 算法也是求最短路径的经典算法,其算法实现相比 Dijkstra 等算法更优雅,可读性和理解都非常好。Floyd 算法在网上被有些人称为人人都能看懂的算法。

Robert W. Floyd 于 1962 年在 *Communication of the ACM* 上发表了该算法;同年,Stephen Warshall 也独立发表了该算法。人们只会记住第一,虽然第二也很牛！Floyd 算法可以正确处理有向图、无向图或负权(但不可存在负权回路)的最短路径问题,同时也被用于计算有向图的传递闭包。

Floyd 算法要解决的是任意节点之间的最短路径,其时间复杂度为 $O(n^3)$。

Floyd 算法的核心思想是通过三重循环,以 k 为中转点,i 为起点,j 为终点,循环比较 D[i][j]和D[i][k]+D[k][j]的最小值,如果 D[i][k]+D[k][j]为更小的值,则把 D[i][k]+D[k][j]覆盖保存在 D[i][j]中。

- 例题分析

如图 8-2 所示是一个城市交通图,求各城市间的最短路径。

对该图利用存储矩阵进行存储,其矩阵如图 8-3 所示。该邻接矩阵代表四个城市相互之间的距离。为了使问题简化,首先假设现在只可通过中转 1 号节点求任意两点之间的最短路程,请问该怎么做?

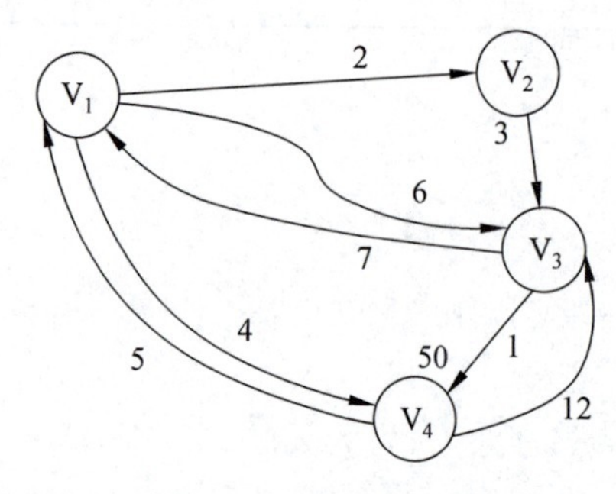

图 8-2　最短路径案例图

	1	2	3	4
1	0	2	6	4
2	∞	0	3	∞
3	7	∞	0	1
4	5	∞	12	0

图 8-3　邻接矩阵

这时只需要判断 a[i][1]+a[1][j]比 a[i][j]小即可。a[i][j]表示从节点 i 到节点 j 的距离,现在是求先从节点 i 到节点 1 中转,再到节点 j 的最短距离,代码实现如下。

```
for (i = 1; i <= n; i++)
    for (j = 1; j <= n; j++)
    {
        if (a[i][j] > a[i][1] + a[1][j])
            a[i][j] = a[i][1] + a[1][j];
    }
```

同样,如果只能中转 2 号节点,那么代码如下所示。

```
for (i = 1; i <= n; i++)
    for (j = 1; j <= n; j++)
    {
        if (a[i][j] > a[i][2] + a[2][j])
            a[i][j] = a[i][2] + a[2][j];
    }
```

以上是只中转一个节点的算法,如果中转两个节点计算最短路径,那么该怎么做呢?其实就是把上面两段代码结合一下,如下所示。

```
for (i = 1; i <= n; i++)
    for (j = 1; j <= n; j++)
    {
        if (a[i][j] > a[i][1] + a[1][j])
            a[i][j] = a[i][1] + a[1][j];
    }
for (i = 1; i <= n; i++)
    for (j = 1; j <= n; j++)
    {
        if (a[i][j] > a[i][2] + a[2][j])
            a[i][j] = a[i][2] + a[2][j];
```

```
    }
```

由此可以推断,如果现在希望中转 n 个节点计算最短路径,那么该这样:

```
for (i = 1; i <= n; i++)
    for (j = 1; j <= n; j++)
    {
        if (a[i][j] > a[i][1] + a[1][j])
            a[i][j] = a[i][1] + a[1][j];
    }
for (i = 1; i <= n; i++)
    for (j = 1; j <= n; j++)
    {
        if (a[i][j] > a[i][2] + a[2][j])
            a[i][j] = a[i][2] + a[2][j];
  }
  …
for (i = 1; i <= n; i++)
    for (j = 1; j <= n; j++)
    {
        if (a[i][j] > a[i][n] + a[n][j])
            a[i][j] = a[i][n] + a[n][j];
    }
```

以上代码可以化简为

```
for(k=1;k<=n;k++)
    for (i = 1; i <= n; i++)
        for (j = 1; j <= n; j++)
        {
            if (a[i][j] > a[i][k] + a[k][j])
                a[i][j] = a[i][k] + a[k][j];
        }
```

这就是 Floyd 算法。

2. 并查集算法

并查集可以从名字理解,这里的"并"指"合并","查"指"查询"。并查集算法主要用于解决分组问题,用来对一个互不相交的集合根据元素之间的关系进行分类和分组,支持如下两种操作。

- 合并:把两个不相交的集合合并为一个集合。
- 查询:查询某个元素的根节点,可以判断两个元素的根节点是否相等,从而判断两个元素是否在一个并查集中。

案例分析:亲戚

或许你并不知道,你的某个朋友是你的亲戚,他可能是你的曾祖父的外公的女婿的外甥女的表姐的孙子。如果能得到完整的家谱,那么判断两个人是否是亲戚应该就是可行的,但如果两个人的最近公共祖先与他们相隔好几代,使得家谱十分庞大,那么检验亲戚关系实非人力所能及。在这种情况下,最好的帮手就是计算机。为了将问题简化,你将得到一些亲戚关系的信息,如 A 和 B 是亲戚,B 和 C 是亲戚,等等。从这些信息中,你可以推出 A 和 C 是亲戚。请编写一个程序,对于亲戚关系的提问以最快的速度给出答案。

如图 8-4 所示,有 A、B、C、…、I 共 9 人,已知 A 和 B、B 和 C、A 和 E、E 和 H、E 和 I、D 和 F、F 和 G 是亲戚,则可用原来离散的 9 个点图构造出 2 棵树状图。

将有联系的离散点构造在一起后,要想查看这些点是否是亲戚,只需要判断这些点的根节点是否相同就可以了,例如:B 和 H 的根节点都是 A,则 B 和 H 是亲戚;而 C 的根节点是 A,F 的根节点是 D,所以 C 和 F 不是亲戚。

将这些离散点聚合在一起的过程称为"并"。查找节点的根节点的过程称为"查",这就是并查集算法。

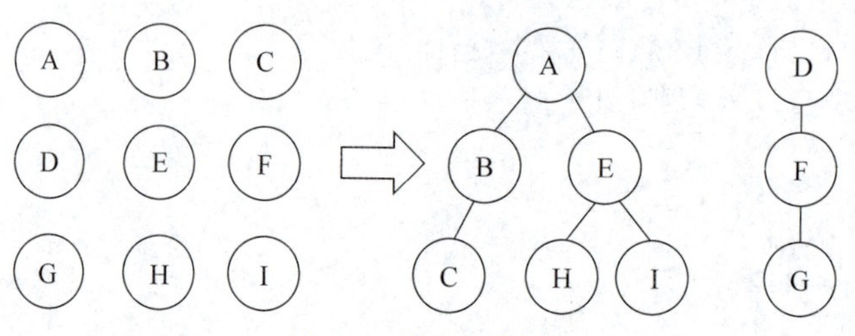

图 8-4　并查集案例

并查集算法的流程如下。

① 初始化:初始时每个节点各自为一个集合,father[i]表示节点 i 的父节点,初始值为 father[i]=i,即这个节点是当前集合的根节点。

```
void init() {
    for (int i = 1; i <= n; ++i) {
        father[i] = i;
    }
}
```

② 查找:查找节点所在集合的根节点,节点 x 的根节点必然也是其父节点的根节点。

```
int get(int x) {
    if (father[x] == x) {                //节点 x 就是根节点
        return x;
    }
    return get(father[x]);               //返回父节点的根节点
}
```

③ 合并:将两个元素所在的集合合并在一起,通常来说,合并之前先要判断这两个元素是否属于同一集合。

```
void merge(int x, int y) {
    x = get(x);
    y = get(y);
    if (x != y) {                        //不在同一个集合
```

```
        father[y] = x;
    }
}
```

上述三个操作是并查集算法常用的操作。

上述并查集算法的复杂度在有些极端情况会很慢。例如树的结构正好是一条链，那么在最坏情况下，每次查询的复杂度均达到了 O(n)，这并不是我们期望的结果，这就需要进行路径压缩。路径压缩的思想是：只关心每个节点的父节点，而并不太关心树的真正结构。具体做法是把查询路径上的所有节点的 father[i]都赋值为根节点，如图 8-5 所示。此时，get()函数的实现就变为

```
int get(int x) {
    if (father[x] == x) {                    //节点 x 就是根节点
        return x;
    }
    return father[x] = get(father[x]);  //返回父节点的根节点，并使当前节点的父节点直
接为根节点
}
```

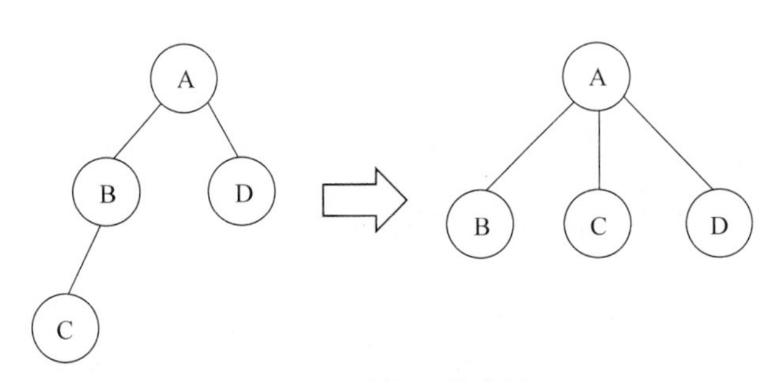

图 8-5　路径压缩案例

路径压缩在实际应用中的效率很高，其一次查询复杂度平摊下来可以认为是一个常数。在实际应用中，基本都使用带路径压缩的并查集算法。

8.2　最大公共子串长度(2017 年试题 F)

【题目描述】

最大公共子串长度问题就是求两个串的所有子串中能够匹配上的最大长度是多少。

例如："abcdkkk"和"baabcdadabc"。

可以找到的最长公共子串是"abcd"，所以最大公共子串的长度为 4。

下面的程序是采用矩阵法进行求解的，这对规模不大的情况是比较有效的解法。

请分析该解法的思路，并补全画线部分缺失的代码。

```
#include <stdio.h>
#include <string.h>
```

```
#define N 256
int f(const char* s1, const char* s2)
{
    int a[N][N];
    int len1=strlen(s1);
    int len2=strlen(s2);
    int i,j;

    memset(a,0,sizeof(int)*N*N);
    int max=0;
    for(i=1;i<=len1;i++){
        for(j=1;j<=len2; j++){
            if(s1[i-1]==s2[j-1]) {
                a[i][j]= ________________________;        //填空
            if(a[i][j]>max) max=a[i][j];
            }
        }
    }
    return max;
}
int main()
{
    printf("%d\n", f("abcdkkk", "baabcdadabc"));
    return 0;
}
```

注意：只提交缺少的代码，不要提交已有的代码和符号，也不要提交说明性文字。

【参考答案】

```
a[i-1][j-1]+1
```

【解析】

本题采用矩阵法求最大公共子串长度，所谓矩阵法，就是将两个字符串分别看成纵坐标和横坐标，分别比较这两个字符串对应字符的值。常用方法有以下两种。

（1）基本算法

将两个字符串分别以行和列组成矩阵。首先计算每个节点的行列字符是否相同，若相同则为1；然后找出值为1的最长对角线即可得到最长公共子串。

	b	a	a	b	c	d	a	d	a	b	c
a	0	1	1	0	0	0	1	0	1	0	0
b	1	0	0	1	0	0	0	0	0	1	0
c	0	0	0	0	1	0	0	0	0	0	1
d	0	0	0	0	0	1	0	1	0	0	0
k	0	0	0	0	0	0	0	0	0	0	0

续表

	b	a	a	b	c	d	a	d	a	b	c
k	0	0	0	0	0	0	0	0	0	0	0
k	0	0	0	0	0	0	0	0	0	0	0

(2) 改进算法

如果字符相同,则该节点的值为左上角(d[i－1,j－1])的值再加1,这样就不需要再求对角线了,可以直接获得最大公用子串的长度。只需要对整个矩阵进行遍历,即可取出最大值。

	b	a	a	b	c	d	a	d	a	b	c
a	0	1	1	0	0	0	1	0	1	0	0
b	1	0	0	2	0	0	0	0	0	2	0
c	0	0	0	0	3	0	0	0	0	0	3
d	0	0	0	0	0	4	0	1	0	0	0
k	0	0	0	0	0	0	0	0	0	0	0
k	0	0	0	0	0	0	0	0	0	0	0
k	0	0	0	0	0	0	0	0	0	0	0

【参考程序】

```
#include <stdio.h>
#include <string.h>
#define N 256
int f(const char* s1, const char* s2)
{
    int a[N][N];
    int len1=strlen(s1);
    int len2=strlen(s2);
    int i,j;

    memset(a,0,sizeof(int)*N*N);
    int max=0;
    for(i=1;i<=len1;i++){
        for(j=1;j<=len2; j++){
            if(s1[i-1]==s2[j-1]) {
                a[i][j]=a[i-1][j-1]+1;
            if(a[i][j]>max) max=a[i][j];
            }
        }
    }
    return max;
```

```
}
int main()
{
    printf("%d\n", f("abcdkkk", "baabcdadabc"));
    return 0;
}
```

8.3 螺旋折线(2018年试题G)

如下图所示的螺旋折线经过平面上的所有整点恰好一次。

对于整点(X，Y)，定义它到原点的距离dis(X，Y)是从原点到(X，Y)的螺旋折线段的长度。

例如：dis(0，1)＝3，dis(－2，－1)＝9。

给出整点坐标(X，Y)，你能计算出dis(X，Y)吗？

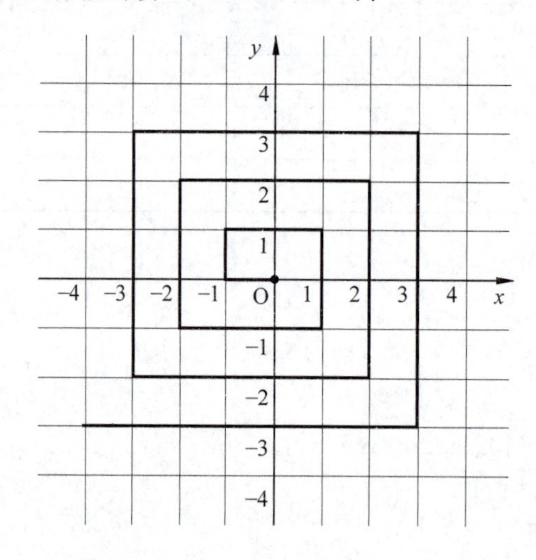

【输入格式】

X和Y

对于40％的数据，－1000≤X，Y≤1000。

对于70％的数据，－100000≤X，Y≤100000。

对于所有数据，－1000000000≤X，Y≤1000000000。

【输出格式】

dis(X，Y)

【样例输入】

0 1

【样例输出】

3

【解析】

仔细观察下图发现，只需要把左下角的一条边顺时针旋转90°，就能得到一个矩形。

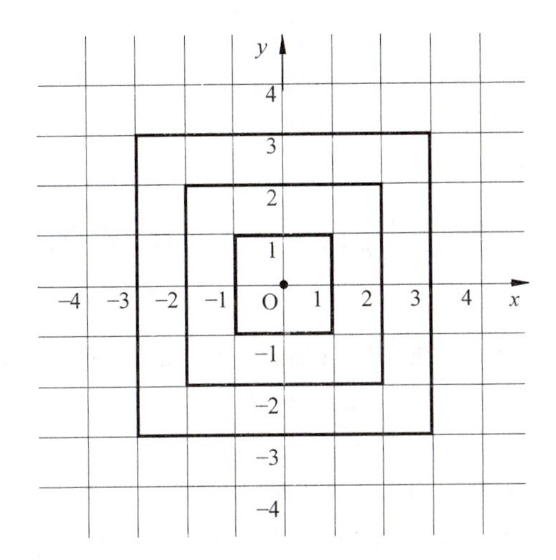

之后只要完成以下两个步骤。

① 计算这个点之前的所有正方形的长度和。

② 计算这个点所在的几条边的长度和。

例如，假设要计算 point(−1，2)这个点。

第一个步骤较为简单，正方形与正方形之间形成的等差数列为 8，16，24，32，…。所以只需要用等差数列求和公式求正方形长度之和即可(注意：求的是这个点所在正方形之前的所有正方形的长度和)。

第二个步骤需要一些技巧。观察上图可以发现，将左下角的边旋转之后，原本起点(0,0)对应现在的(−1,−1)，原来的(−1,−1)对应现在的(−2,−2)，所以原来的起点(n,n)对应现在的(n−1,n−1)；只需要从这个点开始，计算该点到 point 的边距离(可以把图像对折后查看)。

【参考程序】

```
#include<bits/stdc++.h>
using namespace std;
typedef long long LL;
int main()
{
  LL x, y;
  cin >> x >> y;
  LL n = max(fabs(x), fabs(y)) ;
  LL sum = (8 + (8 * (n - 1))) * (n - 1) / 2 ;
  if(x < y)
  {
      sum += 2 * n + x + y;
  }
  else
  {
      sum += n * 8 - 2 * n - x - y;
  }
```

```
    cout << sum << endl;
    return 0;
}
```

8.4 日志统计(2018 年试题 H)

小明维护着一个程序员论坛，现在他收集了一份“点赞”日志，日志共有 N 行。其中，每一行的格式是

ts id

表示在 ts 时刻编号为 id 的帖子收到了一个“赞”。

现在小明想统计有哪些帖子曾经是“热帖”。如果一个帖子曾在任意一个长度为 D 的时间段内收到不少于 K 个赞，则小明就认为这个帖子曾是“热帖”。

具体来说，如果存在某个时刻 T 满足该帖在[T, T+D)这段时间内(注意是左闭右开区间)收到不少于 K 个赞，则该帖就曾是“热帖”。

给定日志，请你帮助小明统计出所有曾是“热帖”的帖子 id。

【输入格式】

第一行包含 3 个整数 N、D 和 K。

以下 N 行每行一条日志，包含两个整数 ts 和 id。

对于 50%的数据，$1 \leqslant K \leqslant N \leqslant 1000$。

对于所有数据，$1 \leqslant K \leqslant N \leqslant 1000000 \leqslant ts \leqslant 1000000 \leqslant id \leqslant 100000$。

【输出格式】

按从小到大的顺序输出热帖 id，每个 id 一行。

【输入样例】

7 10 2

0 1

0 10

10 10

10 1

9 1

100 3

100 3

【输出样例】

1

3

【解析】

本题可以使用“尺取法”，顾名思义，就是像尺子一样取一段。通常的做法是对数组保存一对下标，即所选取的区间的左右端点。区间的左右端点一般从整个数组的起点开始，之后判断区间是否符合条件，然后根据实际情况变化区间的端点以求解答案。尺取法比直接暴

力枚举区间的效率高很多，尤其是在数据量很大时，所以说尺取法是一种高效的枚举区间的方法，也是一种技巧，一般用于求取有一定限制的区间个数或最短区间等。

本题的解决思路如下。

① 将所有数据按时间排序。

② 用 i 和 j 截取一段数据，i 在前，j 在后(始点都为 0)。

③ 将 i 点的获赞 id 号赞数加 1。

④ 判断 i 和 j 所截取的时间差是否大于 D；如果大于 D，则 j 点获得的赞作废，即 j 点对应的 id 号的赞数减 1。

⑤ j++，推进 j，并重复④，直到 i 和 j 截取的时间长度不大于 D。

⑥ 判断 i 点的 id 号获赞数有没有达到 K，若有则将此 id 标为热帖。

⑦ i++，推进 i。

重复③～⑦，直至最后一个数据判断结束。

输出热帖的 id。

举例：

有 7 个数据，要求帖子 3 秒内有两个赞则为热帖，即 n=7，D=3，K=2。

【数据】

1 2　4 7　0 2　2 5　3 4　1 2　5 4

首先初始化并将数据排序，定义双指针指向第一个数据，定义 zan[10]存放每个帖子的获赞数，定义 res[10]记录每个帖子是不是热帖。

zan[2]++，截取时间区间<3，zan[2]<2，无热帖产生，如图 1 所示。

i++，zan[1]++，截取时间区间<3，zan[1]<2，无热帖产生，如图 2 所示。

i++，zan[2]++，截取时间区间<3，zan[2]=2，热帖产生，标记 res[2]=true，如图 3 所示。

i++，zan[5]++，截取时间区间<3，zan[5]<2，无热帖产生，如图 4 所示。

指针	ts	id
i、j	0	2
	1	1
	1	2
	2	5
	3	4
	4	7
	5	4

图1

指针	ts	id
j	0	2
i	1	1
	1	2
	2	5
	3	4
	4	7
	5	4

图2

指针	ts	id
j	0	2
	1	1
i	1	2
	2	5
	3	4
	4	7
	5	4

图3

指针	ts	id
j	0	2
	1	1
	1	2
i	2	5
	3	4
	4	7
	5	4

图4

i++，zan[4]++，截取时间区间=3，将 j 点获赞取消：zan[2]--。j 前移一位：j++，截取时间区间<3，zan[4]<2，无热帖产生，如图 5 所示。

i++，zan[7]++，截取时间区间<3，zan[7]<2，无热帖产生，如图 6 所示。

i++，zan[4]++，截取时间区间<3，zan[4]=2，热帖产生，标记 res[4]=true，如图 7

所示。

遍历结束，输出热帖 id：2、4。

指针	ts	id
	0	2
j	1	1
	1	2
	2	5
i	3	4
	4	7
	5	4

图5

指针	ts	id
j	0	2
	1	1
	1	2
	2	5
	3	4
i	4	7
	5	4

图6

指针	ts	id
j	0	2
	1	1
	1	2
	2	5
	3	4
	4	7
i	5	4

图7

【参考程序】

```
#include<iostream>
#include<algorithm>
using namespace std;
typedef long long LL;
const int N=100010;
struct ti
{
    int ts;
    int id;
}t[N];                                    //记录数据

bool comp(const ti &s1,const ti &s2)      //sort 排序规则
{
    if(s1.ts==s2.ts)                      //依据 ts 排序,若 ts 相等,则依据 id 排序
    return s1.id < s2.id;
    else
    return s1.ts < s2.ts;
}

int n,D,K;                                //n 条数据,D 时间区间和 K 区间要求赞的个数
int zan[N];                               //记录每个 id 赞的个数
bool res[N];                              //记录每个 id 是否达标
int main()
{
    cin>>n>>D>>K;
    for(int i=0;i<n;i++)
    {
        cin>>t[i].ts>>t[i].id;
```

```
    }
    sort(t,t+n,comp);
    //双指针取区间,i 为前指针,j 为后指针,i++表示推进前指针
    for(int i=0,j=0;i<n;i++)
    {
        //i 所指数据的时刻(以下简称 i 时刻)获赞的 id
        int d=t[i].id;
        //在 i 时刻,id 为 d 的日志获得一个赞,记录下来
        zan[d]++;
        //两个指针跨越的时间过久,早期的赞作废
        while(t[i].ts-t[j].ts>=D)
        {
            //j 时刻的赞作废,距 i 时刻过久
            zan[t[j].id]--;
            //后指针往前移动一位,推进后指针
            j++;
        }
        //循环直至 j 时刻在有效时间区间,即距离 i 时刻 D 秒之内
        //如果 d 日志获赞达标,则记录热帖
        if(zan[d]>=K) res[d]=true;
    }
    //输出达标的帖子 id
    for(int i=0;i<=100000;i++)
        if(res[i])
            cout<<i<<endl;
    return 0;
}
```

8.5　灵能传输(2019 年试题 J)

【题目背景】

在游戏《星际争霸Ⅱ》中,高阶圣堂武士作为星灵的重要 AOE 单位,在游戏的中后期发挥着重要作用,其技能“灵能风暴”可以通过消耗大量的灵能对一片区域内的敌军造成毁灭性的伤害,经常用于对抗人类的生化部队和虫族的刺蛇飞龙等低血量单位。

【问题描述】

你控制着 n 名高阶圣堂武士,为方便起见,将它们标为 1,2,…,n。

每名高阶圣堂武士需要一定的灵能进行战斗,每个人有一个灵能值 a_i,表示其拥有的灵能(a_i 非负表示这名高阶圣堂武士比其在最佳状态下多余了 a_i 点灵能,a_i 为负则表示这名高阶圣堂武士还需要 $-a_i$ 点灵能才能到达最佳战斗状态)。

现在系统给你的高阶圣堂武士赋予了一个能力——传递灵能,你每次可以选择一个 $i\in[2,n-1]$。若 $a_i\geqslant 0$,则其两旁的高阶圣堂武士,也就是 $i-1$、$i+1$ 这两名高阶圣堂武士会从

i 这名高阶圣堂武士这里抽取 a_i 点灵能；若 $a_i<0$，则其两旁的高阶圣堂武士，也就是 i−1、i+1 这两名高阶圣堂武士会给 i 这名高阶圣堂武士 $-a_i$ 点灵能。

形式化来讲就是 $a_i-1+=a_i, a_{i+1}+=a_i, a_i-=2a_i$。

灵能是非常高效的作战工具，同时也非常危险且不稳定，一名高阶圣堂武士拥有的灵能过多或者过少都不好，定义一组高阶圣堂武士的不稳定度为 $\max_{i=1}^{n}|a_i|$，请你通过不限次数的传递灵能操作使得你控制的这一组高阶圣堂武士的不稳定度最小。

【输入格式】

本题包含多组询问。输入的第一行包含一个正整数 T，表示询问组数。

接下来依次输入每组询问。

每组询问的第一行包含一个正整数 n，表示高阶圣堂武士的数量。

接下来的一行包含 n 个数 $a_1, a_2, \cdots, a_n$。

【输出格式】

输出 T 行，每行包含一个整数，依次表示每组询问的答案。

【样例输入】

3

3

5 −2 3

4

0 0 0 0

3

1 2 3

【样例输出】

3

0

3

【样例说明】

对于第一组询问：

对 2 号高阶圣堂武士进行传输操作后，$a_1=3, a_2=2, a_3=1$，答案为 3。

对于第二组询问：

这一组高阶圣堂武士拥有的灵能正好可以让他们达到最佳战斗状态。

【样例输入】

3

4

−1 −2 −3 7

4

2 3 4 −8

5

−1 −1 6 −1 −1

【样例输出】

5

7

4

【样例输入】

见文件 trans3.in。

【样例输出】

见文件 trans3.ans。

【数据规模与约定】

对于所有评测用例，$T\leqslant 3, 3\leqslant n\leqslant 300000, |a_i|\leqslant 10^9$。

评测时将使用 25 个评测用例测试程序，每个评测用例的限制如下。

评测用例编号	n	$\|a_i\|$	特殊性质
1	=3	≤1000	无
2,3	≤5	≤1000	无
4,5,6,7	≤10	≤1000	无
8,9,10	≤20	≤1000	无
11	≤100	$\leqslant 10^9$	所有 a_i 非负
12,13,14	≤100	$\leqslant 10^9$	无
15,16	≤500	$\leqslant 10^9$	无
17,18,19	≤5000	$\leqslant 10^9$	无
20	≤5000	$\leqslant 10^9$	所有 a_i 非负
21	≤100000	$\leqslant 10^9$	所有 a_i 非负
22,23	≤100000	$\leqslant 10^9$	无
24,25	≤300000	$\leqslant 10^9$	无

【输入样例 1】

3

3

5 −2 3

4

0 0 0 0

3

1 2 3

【输出样例 1】

3

0

3

【输入样例 2】

3

4 −1 −2 −3 7

4

2 3 4 −8

5 −1 −1 6 −1 −1

【输出样例 2】

5

7

4

【样例解释】

对于第一组询问：

对 2 号高阶圣堂武士进行传输操作后，$a_1=3, a_2=2, a_3=1$，答案为 3。

对于第二组询问：

这一组高阶圣堂武士拥有的灵能都正好可以让他们达到最佳战斗状态。

【解析】

本题涉及的算法有前缀和、排序、贪心三种。

(1) 前缀和

本题实际上要求通过某种灵能传输可以使得该序列的最大值最小。而由前缀和可知，当某一个前缀和序列保持有序(或前缀和序列表示的函数单调)时，其 max(s[i]−s[i−1])的最大值可以达到最小。

通过对几个样例的观察可以发现以下规律。

当 a[i]>0 时，若 a[i−1]=a[i−1]+a[i]，则 s[i−1]=原来的 s[i]。

若 a[i]=a[i]−2a[i]，则原 s[i]=s[i−1]+a[i]。

现 s[i]=现 s[i−1]−a[i]=原 s[i]−a[i]=原 s[i−1]。

a[i+1]=a[i+1]+a[i]参考上述推导可得 s[i+1]=原 s[i+1]。

这意味着除了 s[0]和 s[n]以外，1～n 的任何 s[i]都可以进行相互交换，从而得到一个有序序列。而 a[i]=s[i]−s[i-1]也就意味着可以通过交换 s[i]的方式得到灵能传输后的最终结果。

(2) 排序

```
for(int i=1;i<=n;i++)
    scanf("%d",&a[i],s[i]=s[i-1]+a[i]);
sort(s+1,s+1+n);
```

当然，如果 s[0]和 s[n]也可以正常交换，则只需要将整个前缀和序列进行排序，即可直接得到一个单调函数，那么本题的推导到这一步就可以结束了，可以通过直接计算 max(s[i]−s[i−1]，的值获得最大值的最小值。但问题在于 s[0]和 s[n]，即最终得到的序列并不一定是单调的，所以接下来就要通过一系列操作解决序列不单调的问题。

(3) 贪心

通过上述分析可以明确，要想求得本题的最优解，应使得所求序列尽量保持单调。通过画图可知，在两个端点无法移动的条件下，在对整个前缀和序列进行排序时，总能得到一个拥有两个拐点且中间部分保持单调的函数。此时应该往贪心思想上想,即当一条有两个拐点的曲线的重叠部分最小时单调部分最多,而一条曲线符合下列情况时符合要求。

① 左端点小于右端点,即 s[0]<s[n]。在记录 s0 和 sn 的值时需要进行一次判定,如果得到的左端点比右端点大,那么就将这两个端点交换(在做题时,尽量保证得到的函数是一个中部递增的单调函数,其目的是将得到的所有函数都变成中部递增函数,这样便可以少算至少一半的数据。

```
if(s0>sn)
    swap(s0,sn);
```

② 极小值在极大值左边(在上一情况中,要求得到的函数一定是中部递增的,因此不仅需要控制函数中部的递增,还要控制极大值和极小值以使得中部函数递增)。这就要求在后续选点时应遵循 s[0]向左取、s[n]向右取,因为只有这样才能取得两边的极值。

因为已经将两个端点确定且保证了两者的顺序,也对前缀和序列进行了升序处理,于是此时已经得到一个存放着递增的前缀和序列的有序数组(左右端点的位置已改变,情况①中已经记录了两者的位置)。

接下来需要从左端点的位置向左依次取点,从右端点的位置向右依次取点(从左端点向左依次取点并取得整个前缀和序列的最小值,从右端点向右依次取点并取得整个前缀和的最大值)。此时,可以通过画图求得此时的函数为两个端点有拐点且中部有序递增的函数。

```
int l=0,r=n-1;
for(int i=s0;i>=0;i-=2)        //借助一个数组 st 记录所取数的情况,模拟函数的基本图形
    f[l++]=s[i],st[i]=true;
for(int i=sn;i<=n;i+=2)
    f[r--]=s[i],st[i]=true;
for(int i=0;i<=n;i++)
    if(st[i]==false) f[l++]=s[i];
```

因为所求图像中有两个拐点且会形成两个重叠部分,所以要想得到最优解,就要使求得的函数图像中的递增部分尽可能地多,这样拐点处的图像便会尽可能地少,即可保证序列 f 为重叠部分最小的前缀和序列。

在通过特定规则将所有点都遍历完毕后,此时已经得到最优解的图像(前缀和序列)。最后一步便是求出所有前缀和表示的灵能值中的最大者(该灵能值一定是正数),此时该灵能值便是最终答案。

```
int res=0;
for(int i=1;i<=n,i++)
    res=max(res,abs(f[i]-f[i-1]));
```

res 即为所求结果。

【参考程序】

```
#include<iostream>
#include<algorithm>
#include<cstdio>
```

```
#include<cstring>
using namespace std;
const int N=3e5+10;
//由于 a[]可能达到 1e9,因此需要使用到 LL
typedef long long LL;
LL a[N];                        //用于存放初始灵能值
LL s[N];                        //用于存放前缀和
LL f[N];                        //用于存放最终的有序序列
bool st[N];
int main()
{
    int T;
    scanf("%d",&T);
    while (T--)
    {
        int n;
        scanf("%d",&n);
        s[0]=0;                 //因为每个点的前缀和是它及其之前所有点的和，而第一个
点的前缀和却是自己本身，所以需要一个 s0=0 使得公式成立
        for(int i=1;i<=n;i++)
            scanf("%lld",&a[i]),s[i]=s[i-1]+a[i];
        LL s0=s[0],sn=s[n];
        if(s0>sn)
            swap(s0,sn);
        sort(s,s+1+n);
        //找到排序后 s0 和 sn 的位置
        for(int i=0;i<=n;i++)
            if(s0==s[i])
            {
                s0=i;
                break;
            }
        for(int i=0;i<=n;i++)
            if(sn==s[i])
            {
                sn=i;
                break;
            }
        memset(st,false,sizeof st);
        //构造重叠部分最小的序列

        int l=0,r=n;
        for(int i=s0;i>=0;i-=2)
            f[l++]=s[i],st[i]=true;
```

```
        for(int i=sn;i<=n;i+=2)
            f[r--]=s[i],st[i]=true;

        for(int i=0;i<=n;i++)
            if(st[i]==false)
                f[l++]=s[i];

        LL res=0;
        for(int i=1;i<=n;i++)
            res=max(res,abs(f[i]-f[i-1]));
        printf("%lld\n",res);
    }

    return 0;
}
```

8.6 双向排序(2021 年试题 I)

【问题描述】

给定序列$(a_1,a_2,\cdots,a_n)=(1,2,\cdots,n)$,即$a_i=i$。

小蓝将对这个序列进行 m 次操作,每次可能是将$a_1,a_2,\cdots,a_{qi}$降序排列,或者将a_{qi},$a_{qi+1},\cdots,a_n$升序排列。

请求出操作完成后的序列。

【输入格式】

第一行包含两个整数 n 和 m,分别表示序列的长度和操作次数。

接下来的 m 行描述对序列的操作,其中,第 i 行包含两个整数 pi 和 qi,表示操作类型和参数。当 pi=0 时,表示将$a_1,a_2,\cdots,a_{qi}$降序排列;当 pi=1 时,表示将$a_{qi},a_{qi+1},\cdots,a_n$升序排列。

【输出格式】

一行,包含 n 个整数,相邻的整数之间用一个空格分隔,表示操作完成后的序列。

【样例输入】

```
3 3
0 3
1 2
0 2
```

【样例输出】

```
3 1 2
```

【样例说明】

原数列为 (1, 2, 3)。

第 1 步后为(3,2,1)。

第 2 步后为(3,1,2)。

第 3 步后为(3,1,2)。与第 2 步操作后相同,因为前两个数已经是降序了。

【评测用例规模与约定】

对于 30%的评测用例,n,m≤1000。

对于 60%的评测用例,n,m≤5000。

对于所有评测用例,1≤n,m≤100000,0≤p_i≤1,1≤a_i≤n。

【题目解析】

求解本题最容易想到的就是利用 sort()函数进行排序,但是直接排序的算法时间复杂度是 m×n×logn,只能通过部分案例,不能 AC 程序。

所以,本题要研究数据排序的规律,摒弃无效操作,找出排序过程中的有效操作。为了方便说明问题,定义以下三个操作。

操作 1:1～a_q 降序。

操作 2:a_q～a_n 升序。

接下来挖掘一下其中的一些性质。

性质 1:第一步操作一定是操作 1,这是因为序列一开始就是有序的升序列。

性质 2:对于连续几个同样的操作,取范围最大的那个操作。

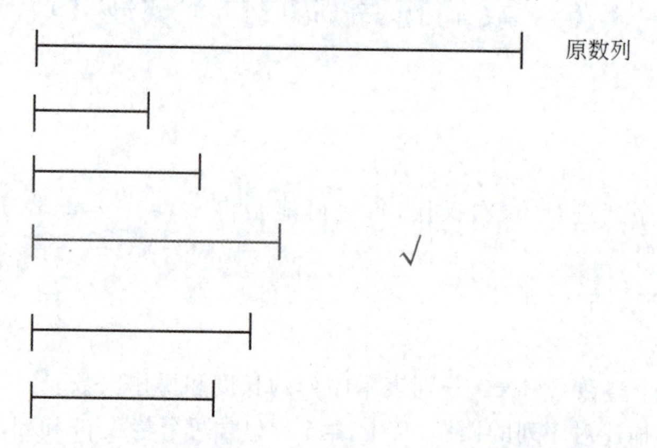

从上图中可以看出都是连续的操作 1,也就是都是降序操作。先对一个小范围进行降序排序,再对一个大范围降序排序,排序结果是一样的。所以遇到连续的操作 1 时,可以只取范围最大的那个操作,其他操作都可以去掉;同理,如果是连续的操作 2 也是一样;这称为有效操作。

性质 3:有效操作一定是操作 1 和操作 2 交替的。

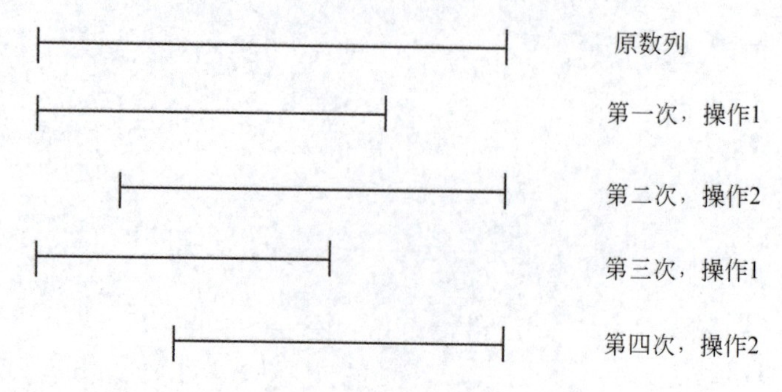

如上图所示，有效操作一定是操作 1 和操作 2 互相交替的。

性质 4：当前的操作 1 如果比上一次操作 1 的范围大，那么上一次的操作 1 和操作 2 就都可以删除，所以每次有效操作的范围都是越来越小的。同理，如果这次是操作 2 也一样。

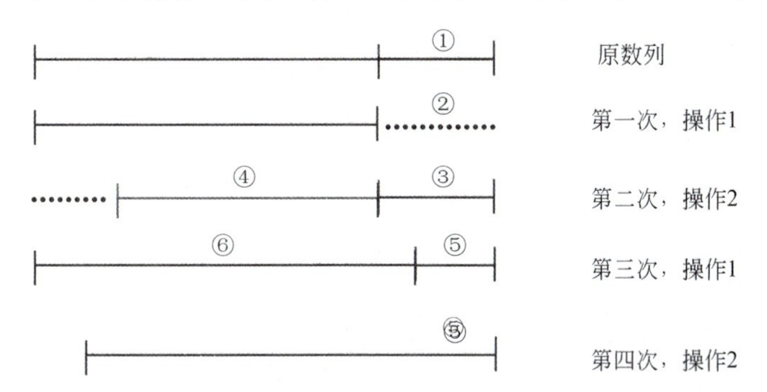

如上图所示，首先对原序列进行第一次操作，②和原序列中的①是相同的。同时，因为原序列是升序，所以②比左边的序列大。再看第二次操作，③和②同样是相同的，因为本来就是升序，所以只用对④进行升序排列。接下来是第三次操作，这次升序比第一次升序的范围更广，⑤和前两次操作一样，同样是升序的，没有改变，所以第三次操作时，⑤对前两次操作没有影响，一直没变。再看⑤之前的⑥，因为⑤没变，所以⑥肯定是包含前两次操作的，所以此次升序操作如果比上一次升序操作（图中第一次操作）的范围更广，则上一次操作 1 和操作 2（图中第一次操作和第二次操作）即可删除。这一步成为新的有效操作，同理，如果这次是操作 2 且比上一次操作 2 的范围广，也可以删除上一次的操作 1 和操作 2。

性质 5：每次操作的变化区间必定是往中间不断缩进的，直至左指针与右指针相遇时排序结束。

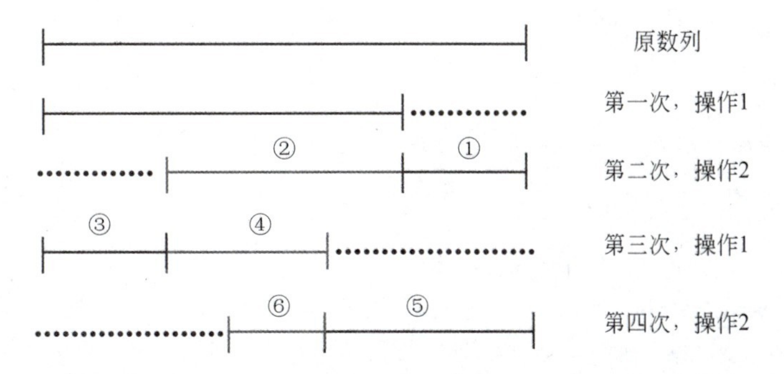

由性质 4 可得，每一次操作的范围必定会越来越小。如上图中第二次升序操作所示，①是不变的升序，变化的只有②；第三次降序操作③是不变的降序，变化的只有④；第四次升序操作⑤是不变的升序，变化的只有⑥。所以每一次操作的变化区间是越来越小的。

本题利用性质 5 可以大幅减少无效操作，下面重新梳理一下这 5 个性质。

① 第一个有效操作一定是操作 1，降序。

② 连续的几个同样的操作，取范围最大的那个操作。

③ 有效操作一定是操作 1 和操作 2 交替的。

④ 当前的操作 1 如果比上一次操作 1 的范围大，那么上一次的操作 1 和操作 2 都可以删除，所以每次有效操作的范围都是越来越小的。同理，如果这次是操作 2 也一样。

⑤ 每次操作的变化区间必定是往中间不断缩进的，直至左指针与右指针相遇时排序结束。

【参考程序】

```
#include <iostream>
#include <cstring>
#include <algorithm>

#define x first
#define y second

using namespace std;

typedef pair<int, int> PII;

const int N = 100010;

int n, m;
PII stk[N];
int ans[N];

int main()
{
    scanf("%d%d", &n, &m);
    int top = 0;
    while (m--)
    {
        int p, q;
        scanf("%d%d", &p, &q);
        if (!p)                     //操作 1
        {
            //出现连续的操作 1,取最大的
            while (top && stk[top].x == 0)
                q = max(q, stk[top -- ].y);
            //如果当前的操作 1 比上一次操作 1 的范围大
            //则将上一次的操作 1 和操作 2 删除
            while (top >= 2 && stk[top - 1].y <= q)
                top -= 2;
            //存储本次最佳操作
            stk[ ++ top] = {0, q};
        }
        //操作 2 和操作 1 均已经进行过
        else if (top)
        {
            while (top && stk[top].x == 1) q = min(q, stk[top -- ].y);
```

```
            while (top>=2 && stk[top-1].y>=q)
                top-=2;
            stk[++top] = {1,q};
        }
    }
    int k=n,l=1,r=n;
    //开始填数
    for(int i=1;i<=top;i++)
    {
        if (stk[i].x==0)          //如果是操作 1
            //移动 r 值并赋值
            while (r>stk[i].y && l<=r)
                ans[r--]=k-- ;
        else
            //移动 l 值并赋值
            while(l<stk[i].y && l<=r)
                ans[l++]=k-- ;
        //如果左指针变到了右指针的右边,则直接跳出
        if (l>r) break;
    }
    //如果 top 为奇数,则最后一次为操作 1
    //需要从有效操作区间的左指针往右填数
    //说明 top 为偶数,最后一次为操作 2
    //需要从有效操作区间的右指针往左填数
    if (top%2)
        while(l<=r) ans[l++]=k--;
    else
        while(l<=r) ans[r--]=k--;

    for (int i=1; i<=n; i++ )
        printf("%d ", ans[i]);
    return 0;
}
```

8.7 网络分析(2020 年试题 J)

【问题描述】

小明正在做一个网络实验。他设置了 n 台计算机,称为节点,用于收发和存储数据。初始时,所有节点都是独立的,不存在任何连接。小明通过网线将两个节点连接起来,连接后的两个节点就可以互相通信了。两个节点之间如果存在网线连接,则称为相邻。小明有时会测试这个网络,他会在某个节点发送一条信息,信息会发送到每个相邻的节点,之后这些节点又会转发到与自己相邻的节点,直到所有直接或间接相邻的节点都收到了信息。所有

发送和接收的节点都会将信息存储下来。一条信息只会被存储一次。给出小明连接和测试的过程,请计算出每个节点存储信息的大小。

【输入格式】

第一行包含两个整数 n 和 m,分别表示节点数量和操作数量。节点从 1～n 编号。接下来的 m 行每行有 3 个整数,表示一个操作。如果操作为 1 a b,则表示将节点 a 和节点 b 通过网线连接起来。当 a=b 时,表示连接了一个自环,对网络没有实质影响。如果操作为 2 p t,则表示在节点 p 上发送了一条大小为 t 的信息。

【输出格式】

一行,包含 n 个整数,相邻整数之间用一个空格分割,依次表示进行完上述操作后节点 1～n 上存储信息的大小。

【样例输入】

```
4 8
1 1 2
2 1 10
2 3 5
1 4 1
2 2 2
1 1 2
1 2 4
2 2 1
```

【样例输出】

```
13 13 5 3
```

【评测用例规模与约定】

对于 30%的评测用例,$1 \leqslant n \leqslant 20, 1 \leqslant m \leqslant 100$。

对于 50%的评测用例,$1 \leqslant n \leqslant 100, 1 \leqslant m \leqslant 1000$。

对于 70%的评测用例,$1 \leqslant n \leqslant 1000, 1 \leqslant m \leqslant 10000$。

对于所有评测用例,$1 \leqslant n \leqslant 10000, 1 \leqslant m \leqslant 100000, 1 \leqslant t \leqslant 100$。

【解析】

本题使用搜索算法进行暴力求解是极易得到答案的,但如果测试集十分庞大,那么搜索算法便显得吃力,容易溢出。所以,本题可以采用并查集的思想,并查集的优点在于它可以很直观地在点与点之间建立直接或间接的联系,对任何一个点做的访问或其他操作,都可以很直接地对与其直接或间接连接的点进行同样的操作。

解题步骤:

将所有节点的父亲域初始化为本身,在没有输入任何操作前,每个节点都是自己的父亲,即任意两个节点无连接。

对输入的操作进行判定,若判定为 1 即为连接点操作(并查集中的查操作 find()),则对对应的两个点执行 find()操作,找出各自的最终父节点,再将两个点的父节点结合,视所有与两个节点连线的点都直接或间接连接(并查集中的并操作)。

对输入的操作进行判定,若判定为 2 即为点的发送值操作(所有和该点直接或间接连接的点都会收到该点发出的信息)，则此时再次执行对一个点的 find()操作，找出每个点以及它的一些父节点，对所有涉及的点进行赋值。

对所有的点进行遍历，读取各个点的权值。

【参考程序】

```
#include <iostream>
using namespace std;
const int N=4E4+10;
int parent[N],value[N],d[N];
int n,m;
int find(int x){
    if(parent[x]!=x){
        int root=find(parent[x]);
        d[x]+=d[parent[x]];
        parent[x]=root;
    }
    return parent[x];
}
int main(){
    cin>>n>>m;
    for(int i=1;i<=n;i++)
            parent[i]=i;
    while(m--){
        int op,x,y;
            cin>>op>>x>>y;
        if(op==1){
            int px=find(x),py=find(y);
            if(px==py)  continue;
            d[px]+=value[px]-value[py];
            parent[px]=py;
        }
        else
        {
            int px=find(x);
            value[px]+=y;
        }
    }
    for(int i=1;i<=n;i++)
        cout<<value[find(i)]+d[i]<<' ';
    return 0;
}
```

8.8 路径(2021 年试题 E)

【问题描述】

小蓝学习了"最短路径"之后特别高兴,他定义了一个特别的图,希望找到图中的最短路径。

小蓝的图由 2021 个节点组成,依次编号 1～2021。

对于两个不同的节点 a 和 b,如果 a 和 b 的差的绝对值大于 21,则这两个节点之间没有边相连;如果 a 和 b 的差的绝对值小于或等于 21,则两个节点之间有一条长度为 a 和 b 的最小公倍数的无向边相连。

例如:节点 1 和节点 23 之间没有边相连;节点 3 和节点 24 之间有一条无向边,长度为 24;节点 15 和节点 25 之间有一条无向边,长度为 75。

请计算节点 1 和节点 2021 之间的最短路径的长度是多少。提示:建议使用计算机编程解决问题。

【答案提交】

这是一道结果填空题,考生只需要计算出结果并提交即可。本题的结果为一个整数,在提交答案时只填写这个整数,填写多余内容将无法得分。

【参考答案】

10266837

【解析】

本题的题意比较直接,通过题意就可以知道题目要考查的是图的最短路径算法。图的最短路径算法有很多,常见的有以下几种。

- Dijkstra 最短路径算法(单源最短路)。
- Bellman-Ford 算法(解决负权边问题)。
- SPFA 算法(Bellman-Ford 算法改进版本)。
- Floyd 最短路径算法(全局/多源最短路)。

本题只需要在这些算法的基础上加上边的权值计算方法即可。

(1) 最小公倍数计算方法

最小公倍数的计算方法可以采用以下公式计算:

$$\mathrm{lcm}(u,v)\times\gcd(u,v)=u\times v$$

即任意两个整数 u 和 v,其最小公倍数和最大公约数之积等于这两个整数之积。对于最大公约数,可以采用辗转相除法计算。

(2) 最短路径算法

以上四个最短路径算法中,Dijkstra 最短路径算法最适合本题,因为本题要解决的就是单源最短路,所以可以采用算法模板直接计算。

Floyd 最短路径算法虽然效率低,但却是比较简单的算法,所以在不追求时间效率的情况下,也可以采用该算法。

【参考程序 1】

```
//Dijkstra算法
#include <iostream>
#include <string.h>
using namespace std;
int edges[2022][2022];
int d[2022];
bool visited[2022];
int gcd(int u,int v)
{
    int temp=u%v;
    while(temp>0)
    {
        u=v;
        v=temp;
        temp=u%v;
    }
    return v;
}
int lcm(int u,int v)
{
    return (u*v/gcd(u,v));
}

int main()
{
    int i,j,k;
    memset(edges,0x3f3f3f,sizeof(edges));
    for(i=1;i<=2021;i++)
    {
        edges[i][i]=0;
        for(j=i+1;j<=2021;j++)
        {
            if(j-i<=21)    edges[i][j]=edges[j][i]=lcm(j,i);
            else break;
        }
    }
    memset(d,0x3f3f3f,sizeof(d));
    memset(visited,false,sizeof(visited));
    d[1]=0;
    for(int i=1;i<2021;i++)
    {
        int x=0;
        for(int j=1;j<2021;j++)
            if(!visited[j] && d[j]<d[x]) x=j;
```

```
        visited[x]=1;
        for(int j=max(1,x-21);j<=min(2021,x+21);j++)
        {
            d[j]=min(d[j],d[x]+edges[x][j]);
        }
    }
    cout<<d[2021]<<endl;
    return 0;
}
```

【参考程序 2】

```
//Floyd算法
#include <iostream>
#include <string.h>
using namespace std;
int edges[2022][2022];

int gcd(int u,int v)
{
    int temp=u%v;
    while(temp>0)
    {
        u=v;
        v=temp;
        temp=u%v;
    }
    return v;
}
int lcm(int u,int v)
{
    return (u*v/gcd(u,v));
}

int main()
{
    int i,j,k;
    memset(edges,0x3f3f3f,sizeof(edges));
    for(i=1;i<=2021;i++)
    {
        edges[i][i]=0;
        for(j=i+1;j<=2021;j++)
        {
            if(j-i<=21)    edges[i][j]=edges[j][i]=lcm(j,i);
            else break;
        }
```

```
    }
    for(k=1;k<=2021;k++)
        for(i=1;i<=2021;i++)
            for(j=1;j<=2021;j++)
                if(edges[i][j]>edges[i][k]+edges[k][j])
                    edges[i][j]=edges[i][k]+edges[k][j];
    cout<<edges[1][2021]<<endl;
    return 0;
}
```

8.9 练 习 题

练习1：二叉树中节点的深度。

【问题描述】

二叉树可以用于排序，其原理很简单：当一个排序二叉树添加新节点时，先与根节点比较，若小则交给左子树继续处理，否则交给右子树。当遇到空子树时，则把该节点放入那个位置。

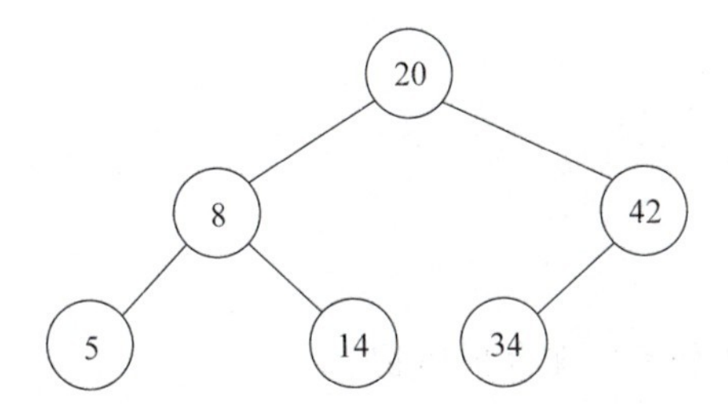

例如，20 8 14 42 34 5 的输入顺序建成的二叉树如上图所示。本题要求：根据已知的数字建立排序二叉树，然后判断该树中节点的深度。

【输入格式】

第一行为n，代表要输入n个数。

第二行为n个整数，分别为节点值。n<100，每个数字不超过10000。输入数据中没有重复的数字。

第三行为m，代表要询问的节点。

【输出格式】

一个整数，代表询问节点的深度，根节点的深度为1。

【样例输入】

```
6
20 8 14 42 34 5
5
```

【样例输出】

```
3
```

练习 2：合根植物

【问题描述】

w 星球的一个种植园，被分成 m×n 个小格子(东西方向 m 行，南北方向 n 列)。每个格子里种了一株合根植物。

这种植物有个特点：它的根可能会沿着南北或东西方向伸展，从而与另一个格子的植物合为一体。

如果我们告诉你哪些小格子之间出现了连根现象，你能说出这个种植园中一共有多少株合根植物吗？

【输入格式】

第一行为两个整数 m 和 n，用空格分开，表示格子的行数和列数(1<m，n<1000)。

第二行为一个整数 k，表示下面还有 k 行数据(0<k<100000)。

接下来的 k 行每行有两个整数 a 和 b，表示编号为 a 的小格子和编号为 b 的小格子合根了。

格子的编号从上到下、从左到右编号。

例如：5×4 的小格子的编号如下：

```
1   2   3   4
5   6   7   8
9   10  11  12
13  14  15  16
17  18  19  20
```

【输出格式】

一个正整数，表示一共有多少株合根植物。

【样例输入】

```
5 4
16
2 3
1 5
5 9
4 8
7 8
9 10
10 11
11 12
10 14
12 16
14 18
17 18
```

15 19

19 20

9 13

13 17

【样例输出】

5

【样例说明】

其合根情况如下图所示。

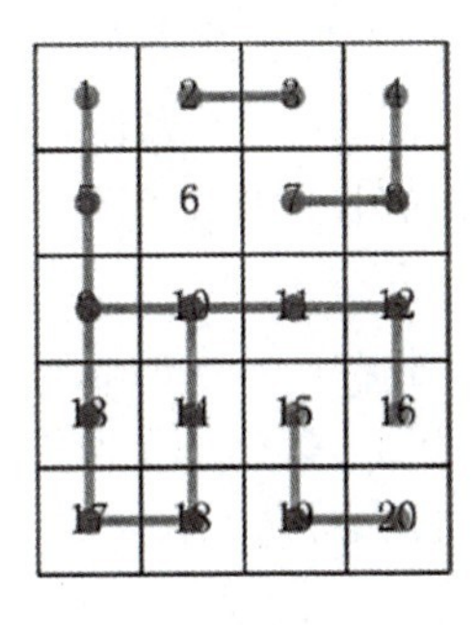

练习3：最短路径

【问题描述】

给定含有n个顶点、m条边的有向图(其中某些边的权可能为负,但保证没有负环)。请你计算从1号点到其他点的最短路径(顶点从1到n编号)。

【输入格式】

第一行有两个整数n和m。

接下来的m行每行有3个整数u、v、l,表示u到v有一条长度为l的边。

【输出格式】

共n−1行,第i行表示1号点到i+1号点的最短路径。

【样例输入】

3 3

1 2 −1

2 3 −1

3 1 2

【样例输出】

−1

−2

【数据规模与约定】

对于10%的数据,n=2,m=2。

对于30%的数据,n≤5,m≤10。

对于所有数据,1≤n≤20000,1≤m≤200000,−10000≤l≤10000,保证从任意顶点都

能到达其他所有顶点。

练习 4：生日礼物

【题目描述】

小西有一条很长的彩带，彩带上挂着各式各样的彩珠。已知彩珠有 N 个，分为 K 种。简单地说，可以将彩带看成 x 轴，每一个彩珠有一个对应的坐标(位置)。某些坐标上可以没有彩珠，多个彩珠也可以出现在同一个位置上。

小布的生日快到了，他打算剪一段彩带送给小布。为了让礼物彩带足够漂亮，小西希望这段彩带中能包含所有种类的彩珠。同时，为了方便，小西希望这段彩带尽可能短，你能帮助小西计算出这个最短长度吗？彩带的长度即从彩带开始位置到结束位置的位置差。

【输入格式】

第一行包含两个整数 N 和 K，分别表示彩珠的总数以及种类数。

接下来的 K 行每行的第一个数为 Ti，表示第 i 种彩珠的数目。

接下来按升序给出 Ti 个非负整数，表示这 Ti 个彩珠分别出现的位置。

【输出格式】

一行，表示最短的彩带长度。

【输入样例】

6 3

1 5

2 1 7

3 1 3 8

【输出样例】

3

【样例说明】

有多种方案可选，其中比较短的是 1～5 和 5～8，后者长度为 3，长度最短。

【数据规模】

对于 50%的数据，N≤10000。

对于 80%的数据，N≤800000。

对于所有数据，1≤N≤1000000，1≤K≤60，0≤移珠位置$<2^{31}$。

$\sum T_i = n$

附录 2020年蓝桥杯B组省赛（第二场）

试题 A：门牌制作

（本题总分：5 分）

【问题描述】

小蓝要为一条街的住户制作门牌。

这条街一共有 2020 位住户，门牌号从 1 到 2020 编号。

小蓝制作门牌的方法是先制作 0～9 这几个数字字符，最后根据需要将字符粘贴到门牌上，例如门牌 1017 需要依次粘贴字符 1、0、1、7，即需要一个字符 0、两个字符 1、一个字符 7。

请问要制作所有 1～2020 号门牌，总共需要多少个字符 2？

试题 B：既约分数

（本题总分：5 分）

【问题描述】

如果一个分数的分子和分母的最大公约数是 1，则称这个分数为既约分数。

例如，3/4、5/2、1/8、7/1 都是既约分数。

请问有多少个既约分数的分子和分母都是 1～2020 的整数(包括 1 和 2020)？

试题 C：蛇形填数

（本题总分：10 分）

【问题描述】

如下图所示，小明用从 1 开始的正整数“蛇形”填充无限大的矩阵。

1 2 6 7 15 …

3 5 8 14 …

4 9 13 …

10 12 …

11 …

…

容易看出矩阵第二行第二列中的数是 5。请你计算矩阵中第 20 行第 20 列的数是多少?

试题 D：跑步锻炼

（本题总分：10 分）

【问题描述】

小蓝每天都锻炼身体。正常情况下，小蓝每天跑 1 千米。如果某天是周一或者月初(1 日)，为了激励自己，小蓝要跑 2 千米。如果这一天同时是周一或月初，小蓝也要跑 2 千米。小蓝已经坚持跑步很长时间了，从 2000 年 1 月 1 日周六(含)到 2020 年 10 月 1 日周四(含)，请问这段时间小蓝总共跑了多少千米?

试题 E：七段码

（本题总分：10 分）

【问题描述】

小蓝要用七段码数码管表示一种特殊的文字。

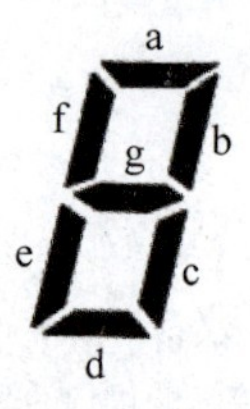

上图给出了七段码数码管的图示，数码管中一共有 7 段可以发光的二极管，分别标记为 a、b、c、d、e、f、g。

小蓝要使一部分二极管(至少要有一个)发光以表达字符。在设计字符的表达时，要求所有发光的二极管是连成一片的。

例如：

b 发光，其他二极管不发光可以用来表达一种字符。

c 发光，其他二极管不发光可以用来表达一种字符。这种方案与上一种方案可以用来表示不同的字符，尽管看上去比较相似。

a、b、c、d、e 发光，f、g 不发光可以用来表达一种字符。

b、f 发光，其他二极管不发光则不能用来表达一种字符，因为发光的二极管没有连成一片。

请问小蓝可以用七段码数码管表达多少种不同的字符?

试题 F：成绩统计

（时间限制：1.0s　内存限制：256.0MB　本题总分：15 分）

【问题描述】

小蓝给学生们组织了一场考试，卷面总分为 100 分，每个学生的得分都是一个 0～100 的整数。

如果得分至少是 60 分，则称为及格；如果得分至少为 85 分，则称为优秀。

请计算及格率和优秀率，用百分数表示，百分号前的部分四舍五入，保留整数。

【输入格式】

第一行包含一个整数 n，表示考试人数。

接下来的 n 行每行包含一个 0～100 的整数，表示一个学生的得分。

【输出格式】

两行，每行有一个百分数，分别表示及格率和优秀率。百分号前的部分四舍五入，保留整数。

【输入样例】

```
7
80
92
56
74
88
100
0
```

【输出样例】

```
71%
43%
```

【评测用例规模与约定】

对于 50%的评测用例，$1\leqslant n\leqslant 100$。

对于所有评测用例，$1\leqslant n\leqslant 10000$。

试题 G：回文日期

（时间限制：1.0s　内存限制：256.0MB　本题总分：20 分）

【问题描述】

2020 年春节期间，有一个特殊的日期引起了人们的注意：2020 年 2 月 2 日。因为如果将这个日期按“yyyymmdd”的格式写成一个8位数是20200202，这恰好是一个回文数，我们称这样的日期是回文日期。

有人表示20200202是“千年一遇”的特殊日子。小明对此很不认同，因为不到两年之后就是下一个回文日期：20211202，即2021年12月2日。

也有人表示20200202并不仅仅是一个回文日期，还是一个ABABBABA型的回文日期，是“千年一遇”的特殊日子。对此小明也不认同，因为大约100年后就能遇到下一个ABABBABA型的回文日期：21211212，即2121年12月12日。算不上“千年一遇”，顶多算“千年两遇”。

给定一个8位数的日期，请你计算该日期之后的下一个回文日期和ABABBABA型的回文日期各是哪一天。

【输入格式】

包含一个8位整数N，表示日期。

【输出格式】

两行，每行一个8位数。第一行表示下一个回文日期，第二行表示下一个ABABBABA型的回文日期。

【样例输入】

20200202

【样例输出】

20211202

21211212

【评测用例规模与约定】

对于所有评测用例，$10000101 \leqslant N \leqslant 89991231$，保证N是一个合法日期的8位数表示。

试题H：子串分值和

（时间限制：1.0s　内存限制：256.0MB　本题总分：20分）

【问题描述】

对于一个字符串S，我们定义S的分值f(S)为S中出现的不同字符的个数。例如f("aba")=2，f("abc")=3，f("aaa")=1。现在给定一个字符串S[0…n−1]（长度为n），请你计算对于所有S的非空子串S[i…j]（$0 \leqslant i \leqslant j < n$），f(S[i…j])的和是多少。

【输入格式】

一行，包含一个由小写字母组成的字符串S。

【输出格式】

一个整数，表示答案。

【输入样例】

ababc

【输出样例】

28

【样例说明】

子串	f值
a	1
ab	2
aba	2
abab	2
ababc	3
b	1
ba	2
bab	2
babc	3
a	1
ab	2
abc	3
b	1
bc	2
c	1

【评测用例规模与约定】

对于 20％的评测用例，$1 \leqslant n \leqslant 10$；

对于 40％的评测用例，$1 \leqslant n \leqslant 100$；

对于 50％的评测用例，$1 \leqslant n \leqslant 1000$；

对于 60％的评测用例，$1 \leqslant n \leqslant 10000$；

对于所有评测用例，$1 \leqslant n \leqslant 100000$。

试题 I：平面切分

（时间限制：1.0s　内存限制：256.0MB　本题总分：25 分）

【问题描述】

平面上有 N 条直线，其中第 i 条直线是 y＝Ai×x＋Bi。请计算这些直线将平面分成了几个部分。

【输入格式】

第一行包含一个整数 N。

以下 N 行每行均包含两个整数 Ai 和 Bi。

【输出格式】

一个整数，代表答案。

【输入样例】

3

1 1
2 2
3 3

【输出样例】

6

【评测用例规模与约定】

对于 50%的评测用例,1≤N≤4,-10≤Ai,Bi≤10。

对于所有评测用例,1≤N≤1000,-100000≤Ai,Bi≤100000。

试题 J:字串排序

(时间限制:1.0s　内存限制:256.0MB　本题总分:25 分)

【问题描述】

小蓝最近学习了一些排序算法,其中冒泡排序让他印象深刻。

在冒泡排序中,每次只能交换相邻的两个元素。

小蓝发现,如果对一个字符串中的字符进行排序,只允许交换相邻的两个字符,则在所有可能的排序方案中,冒泡排序的总交换次数是最少的。

例如,对于字符串 lan 只需要一次交换;对于字符串 qiao,总共需要四次交换。

小蓝的幸运数字是 V,他想找到一个只包含小写英文字母的字符串,且对这个串中的字符进行冒泡排序正好需要 V 次交换。请帮助小蓝找一个这样的字符串。如果找到多个,请告诉小蓝最短的那个。如果最短的仍然有多个,请告诉小蓝字典序最小的那个。注意:字符串中可以包含相同字符。

【输入格式】

一行,包含一个整数 V,为小蓝的幸运数字。

【输出格式】

一个字符串,为所求的答案。

【输入样例 1】

4

【输出样例 1】

bbaa

【输入样例 2】

100

【输出样例 2】

jihgfeeddccbbaa

【评测用例规模与约定】

对于 30%的评测用例,1≤V≤20。

对于 50%的评测用例,1≤V≤100。

对于所有评测用例,1≤V≤10000。

附录B 2021年蓝桥杯B组省赛（第二场）

试题 A：求余

（本题总分：5 分）

【问题描述】

在 C、C++ 、Java、Python 等语言中，使用“%”表示求余，请问 2021%20 的值是多少？

试题 B：双阶乘 59375

（本题总分：5 分）

【问题描述】

一个正整数的双阶乘表示不超过这个正整数且与它有相同奇偶性的所有正整数的乘积。n 的双阶乘用 n!! 表示。

例如：

3!! =3×1=3。

8!! =8×6×4×2=384。

11!! =11×9×7×5×3×1=10395。

请问，2021!! 的最后 5 位（这里指十进制位）是多少？

注意：2021!! =2021×2019×…×5×3×1。

试题 C：格点 15698

（本题总分：10 分）

【问题描述】

如果一个点(x,y)的二维坐标都是整数，即 x∈Z 且 y∈Z，则称这个点为一个格点。

如果一个点(x,y)的二维坐标都是正数，即 x>0 且 y>0，则称这个点在第一象限。

请问在第一象限的格点中，有多少个点(x,y)的二维坐标的乘积不大于 2021，即 x·y≤2021。

试题 D：整数分解 691677274345

（本题总分：10 分）

【问题描述】

将 3 分解成两个正整数的和有两种分解方法，分别是 3＝1＋2 和 3＝2＋1。注意：顺序不同算作不同的方法。

将 5 分解成三个正整数的和有 6 种分解方法，分别是 1＋1＋3＝1＋2＋2＝1＋3＋1＝2＋1＋2＝2＋2＋1＝3＋1＋1。

请问，将 2021 分解成 5 个正整数的和有多少种分解方法？

试题 E：城邦 4046

（本题总分：15 分）

【问题描述】

小蓝国是一个水上王国，有 2021 个城邦，依次编号 1～2021。任意两个城邦之间都有一座桥将它们直接连接。

为了庆祝小蓝国的传统节日，小蓝国政府准备将一部分桥装饰起来。

对于编号为 a 和 b 的两个城邦，它们之间的桥如果要装饰起来，需要的费用如下计算：找到 a 和 b 在十进制下所有不同的数位，对数位上的数字求和。

例如，编号为 2021 和 922 的两个城邦之间，千位、百位和个位都不同，将这些数位上的数字加起来是(2＋0＋1)＋(0＋9＋2)＝14。注意：922 没有千位，千位看成 0。为了节约开支，小蓝国政府准备只装饰 2020 座桥，并且要保证从任意一个城邦到任意另一个城邦之间可以完全只通过有装饰的桥到达。

请问，小蓝国政府至少要花多少费用才能完成装饰。

试题 F：特殊年份

（时间限制：1.0s　内存限制：256.0MB　本题总分：15 分）

【问题描述】

今年是 2021 年，2021 这个数字非常特殊，它的千位和十位相等，个位比百位大 1，我们称满足这种条件的年份为特殊年份。

输入 5 个年份，请计算这里面有多少个特殊年份。

【输入格式】

5 行，每行有一个 4 位十进制数(数值范围为 1000～9999)，表示一个年份。

【输出格式】

一个整数,表示输入的 5 个年份中有多少个特殊年份。

【样例输入】

2019

2021

1920

2120

9899

【样例输出】

2

【样例说明】

2021 和 9899 是特殊年份,其他年份不是特殊年份。

试题 G: 小平方

(时间限制: 1.0s 内存限制: 256.0MB 本题总分: 20 分)

【问题描述】

小蓝发现,对于一个正整数 n 和一个小于 n 的正整数 v,将 v 平方后对 n 取余既可能小于 n 的一半,也可能大于或等于 n 的一半。

请问,在 1～n－1 中,有多少个数平方后除以 n 的余数小于 n 的一半。

例如,当 n=4 时,1、2、3 的平方除以 4 的余数都小于 4 的一半。

又如,当 n=5 时,1、4 的平方除以 5 的余数都是 1,小于 5 的一半。而 2、3 的平方除以 5 的余数都是 4,大于 5 的一半。

【输入格式】

一行,包含一个整数 n。

【输出格式】

一个整数,表示满足条件的数的数量。

【样例输入】

5

【样例输出】

2

【评测用例规模与约定】

对于所有评测用例,1≤n≤10000。

试题 H：完全平方数

（时间限制：1.0s　内存限制：256.0MB　本题总分：20 分）

【问题描述】

一个整数 a 是一个完全平方数，是指它是某一个整数的平方，即存在一个整数 b，使得 a＝b^2。

给定一个正整数 n，请找到最小的正整数 x，使得它们的乘积是一个完全平方数。

【输入格式】

一行，包含一个正整数 n。

【输出格式】

找到的最小的正整数 x。

【样例输入 1】

12

【样例输出 1】

3

【样例输入 2】

15

【样例输出 2】

15

【评测用例规模与约定】

对于 30％的评测用例，1≤n≤1000，答案不超过 1000。

对于 60％的评测用例，1≤n≤10^8，答案不超过 10^8。

对于所有评测用例，1≤n≤10^12，答案不超过 10^12。

试题 I：负载均衡

（时间限制：1.0s　内存限制：256.0MB　本题总分：25 分）

【问题描述】

有 n 台计算机，第 i 台计算机的运算能力为 vi。

有一系列的任务被指派到各个计算机上，第 i 个任务在 ai 时刻分配，指定计算机编号为 bi，耗时为 ci 且算力消耗为 di。如果此任务成功分配，则立刻开始运行，期间持续占用 bi 号计算机 di 的算力，持续 ci 秒。

对于每次任务分配，如果计算机剩余的运算能力不足，则输出－1 并取消这次分配，否则输出分配完这个任务后这台计算机剩余的运算能力。

【输入格式】

第一行包含两个整数 n 和 m,分别表示计算机数目和要分配的任务数。

第二行包含 n 个整数 v1,v2,…,vn,分别表示每个计算机的运算能力。

接下来的 m 行每行包含 4 个整数 ai、bi、ci、di,意义如上所述。数据需要保证 ai 严格递增,即 ai＜ai＋1。

【输出格式】

m 行,每行包含一个数,对应每次任务分配的结果。

【样例输入】

```
2 6
5 5
1 1 5 3
2 2 2 6
3 1 2 3
4 1 6 1
5 1 3 3
6 1 3 4
```

【样例输出】

```
2
-1
-1
1
-1
0
```

【样例说明】

时刻 1,第 1 个任务被分配到第 1 台计算机,耗时为 5,这个任务在时刻 6 会结束,占用计算机 1 的算力 3。

时刻 2,第 2 个任务需要的算力不足,分配失败。

时刻 3,第 1 台计算机仍然在计算第 1 个任务,剩余算力不足 3,分配失败。

时刻 4,第 1 台计算机仍然在计算第 1 个任务,但剩余算力足够,分配后剩余算力为 1。

时刻 5,第 1 台计算机仍然在计算第 1 个和第 4 个任务,剩余算力不足 4,分配失败。

时刻 6,第 1 台计算机仍然在计算第 4 个任务,剩余算力足够且恰好用完。

【评测用例规模与约定】

对于 20%的评测用例,n,m≤200。

对于 40%的评测用例,n,m≤2000。

对于所有评测用例,1≤n,m≤200000,1≤ai,ci,di,vi≤109,1≤bi≤n。

试题 J：国际象棋

（时间限制：1.0s　内存限制：256.0MB　本题总分：25 分）

【问题描述】

众所周知，“八皇后”问题旨在求解在国际象棋棋盘上摆放 8 个皇后，使得其两两之间互不攻击的方案数。已经学习了很多算法的小蓝觉得“八皇后”问题太简单了。作为一个国际象棋迷，他想研究在 N×M 的棋盘上摆放 K 个马，使得其两两之间互不攻击的方案数。由于方案数可能很大，因此只需要计算答案除以 1000000007（即 10^9+7）的余数。

国际象棋中的马摆放在棋盘的方格内，走“日”字，位于(x,y)格的马（第 x 行第 y 列）可以攻击(x+1,y+2)、(x+1,y−2)、(x−1,y+2)、(x−1,y−2)、(x+2,y+1)、(x+2,y−1)、(x−2,y+1)和(x−2,y−1)共 8 个格子。

【输入格式】

一行，包含 3 个正整数 N、M、K，分别表示棋盘的行数、列数和马的个数。

【输出格式】

一个整数，表示摆放的方案数除以 1000000007（即 10^9+7）的余数。

【输入样例 1】

1 2 1

【输出样例 1】

2

【输入样例 2】

4 4 3

【输出样例 2】

276

【输入样例 3】

3 20 12

【输出样例 3】

914051446

【评测用例规模与约定】

对于 5% 的评测用例，K=1。

对于另外 10% 的评测用例，K=2。

对于另外 10% 的评测用例，N=1。

对于另外 20% 的评测用例，N,M≤6，K≤5。

对于另外 25% 的评测用例，N≤3，M≤20，K≤12。

对于所有评测用例，1≤N≤6，1≤M≤100，1≤K≤20。